高等院校设计专业教材

环境设计

室内设计原理

（第3版）

THE PRINCIPLE OF INTERIOR DESIGN

张　焘　主编

U0255221

湖南大学出版社

HUNAN UNIVERSITY PRESS

·长沙·

内 容 简 介

本书对室内设计基础知识、设计师的理论掌握、设计创意、设计表达、施工技术、空间环境设计及家具配置、设计管理知识做了全方位的介绍，以图文并茂的形式对典型案例进行了诠释。

本书可作为高等院校室内设计专业教材，也可供从事室内设计工作的人员学习和参考。

图书在版编目（CIP）数据

室内设计原理/张焘主编. —3版. —长沙：湖南大学出版社，2022.8
高等院校设计专业教材·环境设计
ISBN 978-7-5667-2632-2

I.①室… Ⅱ.①张… Ⅲ.①室内装饰设计—高等学校—教材 Ⅳ.①TU238.2

中国版本图书馆CIP数据核字（2022）第156773号

室内设计原理（第3版）

SHINEI SHEJI YUANLI（DI 3 BAN）

主　　编：张　焘
责任编辑：胡建华
责任校对：申飞艳
责任印制：陈　燕
出 版 人：李文邦
出版发行：湖南大学出版社
社　　址：湖南·长沙·岳麓山　　　邮　　编：410082
电　　话：0731-88822559(营销部)，88821251(编辑室)，88821006(出版部)
传　　真：0731-88822264(总编室)
电子邮箱：hjhhncs@126.com
网　　址：http://www.hnupress.com
印　　装：湖南雅嘉彩色印刷有限公司
开　　本：787 mm×1092 mm　　1/16　　印　　张：11　　字　　数：228千字
版　　次：2022年8月第3版　　　　印　　次：2022年8月第1次印刷
书　　号：ISBN 978-7-5667-2632-2
定　　价：58.00元

丛 书 编 委 会

总主编：朱和平

参编院校：

长沙理工大学	江西科技师范大学
东华大学	昆明理工大学
东南大学	洛阳理工学院
福州大学	南华大学
赣南师范大学	南京航空航天大学
广东工业大学	南京理工大学
贵州师范大学	内蒙古师范大学
哈尔滨师范大学	青岛农业大学
河海大学	清华大学
河南工业大学	山东工艺美术学院
湖北工业大学	深圳职业技术学院
湖南城市学院	首都师范大学
湖南大学	天津城建大学
湖南第一师范学院	天津工业大学
湖南工业大学	天津理工大学
湖南工艺美术职业学院	天津美术学院
湖南科技大学	西安工程大学
湖南工商大学	湘潭大学
湖南涉外经济学院	浙江工业大学
湖南师范大学	郑州轻工业大学
吉首大学	中南林业科技大学
江苏大学	中原工学院

张　焘

　　男，1960年出生于安徽蚌埠，江南大学教授，硕士生导师。1986年毕业于无锡轻工业学院造型系（现江南大学设计学院），2003—2004年就读于中央美术学院设计管理研究生班。1986年工作于郑州轻工业学院（现郑州轻工业大学）并创建工业设计系，1999年组建环境艺术设计系，2004年调入江南大学设计学院。

　　中国工业设计协会会员，江苏省工业设计协会会员，上海交通大学创新设计中心学术委员会委员，在《装饰》《美术观察》《美术与设计》《包装工程》等刊物发表学术论文十多篇，主持多项部省级科研项目，并有多项科研成果获奖，出版教材多部，作品多次参加国际国内展览。

Contents

目录

1　概论　　001

1.1　室内设计的认知　　002

1.2　人与空间环境需求　　006

1.3　室内设计的范围　　008

1.4　室内设计的原则　　011

1.5　室内设计的目的与任务　　013

1.6　设计师的职业范围　　015

1.7　设计百年回顾　　017

1.8　设计师应具备的知识素养　　029

2　设计基础　　031

2.1　设计要素　　032

2.2　人体工学　　067

2.3　家具设计　　070

3　设计法则与原理　　079

3.1　形式与功能　　080

3.2　形式的创造法则　　081

3.3　设计的原理　　082

4　设计规划与实践　　095

4.1　设计规划　　096

4.2　程序设计　　099

4.3　实施设计　　104

4.4　施工与安装　　110

4.5　设计管理　　111

4.6　界面、细节设计　　113

5　设计表达与住宅设计案例分析　　121

5.1　设计表达　　122

5.2　住宅设计　　131

5.3　案例分析　　137

5.4　住宅设计要点　　143

6　相关技术与环境问题　　145

6.1　相关法则与涉及的专业系统　　146

6.2　可持续发展设计　　157

参考文献　　163

附录　　164

附录1　室内设计常用符号　　164

附录2　灯光照明形式　　168

附录3　灯光照明的位置和高度　　169

后记　　170

1

概 论

室内设计的认知

人与空间环境需求

室内设计的范围

室内环境设计原则

室内设计的目的与任务

设计师的职业范围

设计百年回顾

设计师应具备的知识素养

The Principle of
Interior Design

1.1 室内设计的认知

1.1.1 设计的定义

设计（design）是连接精神文明与物质文明的桥梁，人类寄希望于通过设计来改善人类自身的生存环境。

设计的定义，各类辞典有许多不同的解释，大致归纳如下：

设计包括设想、计划、草图、图样、素描、结构、构想、样本等。设计是人的思考过程，是一种构想、计划，通过实施，最终满足人类需求的活动。

设计是艺术与科学相结合的产物，以满足人的生活需要为原则，以启发人的思维方式为契机，在既规定了人们行为的同时又改变着人们的生活方式。因此我们有理由把设计界定为一种意识，它是 20 世纪物质消费的产物。设计是一种对要素的刻意安排，是设计师通过有目的的安排与创造去获得的特定效果。这种特定的效果是由设计的最终受益者生理与心理诸方面的综合要求决定的。需要注意的是，设计所追求的美不同于美学意义上的美，即设计师不是设计的最终受益者，设计是为他人服务的，是具有功利性的。它在满足人的生活需求的同时又规定并改变人的活动行为和生活方式，以及启发人的思维方式。它体现在人类生活的各个方面，包括人类的一切创造性行为活动，如产品设计、视觉传达设计、服装与服饰设计、建筑设计、环境设计等（图 1-1）。

图 1-1

图 1-2

1.1.2 室内设计的定义

室内设计（严格来说，"室内设计"应该称为"室内环境空间设计"）是对一个或多个建筑内部空间环境，按照不同的功能需要进行空间规划、布置、装饰，并对相应结构、设备进行的改造更新，是人为环境设计的一种创造行为。简单地说，室内设计就是对建筑内部空间环境的理性创造方法，它是"以科学为功能基础，以艺术为形式表现，为了塑造一个精神与物质并重的室内生活环境而采取的理性创造活动"。

室内设计是人类文化与生活的共同产物。在我国的传统居住观念中，居室就是一个修身养性的地方，故有"一室之不治，何以天下家国为？"的宏论。《诗经》的《斯干》篇频频咏赞"君子攸芋（安居）""君子攸宁（静修）"，可见数千年前我国即已兼看居室的物质与精神的双重效用。清朝诗人李渔的论述："居室之制，贵精不贵丽；贵新奇大雅，不贵纤巧烂漫。凡人

止好富丽者，非好富丽，因其不能创异标新，舍富丽无所见长，只得以此塞责。"其大意是提倡居室要在俭朴平凡中有新意，以追求内心的愉悦感，尤其不要仿效他人，要别出心裁。不仅充分说明了中国传统居室的特质，还为现代室内环境设计提供了启示（图 1-2）。

室内设计有"室内设计""室内装潢""室内装饰"或"室内布置"等不同说法。从表面意义来看，它们是同一实质的不同名词，彼此之间并没有具体的差异。然而，严格来说，这些名词又各自具有不同的内容和目的，将其笼统地混为一谈必将造成对室内设计学科的误解。

1.1.3 室内设计与建筑设计

室内设计与建筑设计是两个相互关联、相互依存而内容不同的名词。确切地说，室内设计存在于建筑之中，是建筑设计的重要组成部分。换句话说，室内设计建立在建筑设计的基础之上，

是对建筑内部环境进行的改造、深化、充实，是建筑的延续和再完善。

同时，它与建筑设计不同的是，室内设计重点是建筑内部空间规划、功能和结构设计，以及室内装饰的技术层面内容，如音响、灯光、家具及装饰布置等（图1-3）。如果说室内设计师所关注的是室内设计的功能方面，那么室内装饰师则强调的是室内设计的外表美观问题（图1-4）。

1.1.4 室内设计与装饰设计

在西方的观念之中，"室内装饰"的定义是相当明确的。1972年出版的《世界百科全书》对室内装饰的解释是："一种使房间生动和舒适的艺术……当选择和安排妥善的时候，可以产生美观、实用和个别性的效果。"而1975年出版的《国际百科全书》的解释是：室内装饰是"将一个或一组房间的建筑要素与陈设、色彩和摆设等有效地结合，而能正确地反映出个别的格调、需要、兴趣的一种艺术"。1975年出版的《美国百科全书》的解释是：室内装饰是"实现在直接环境中创造美观、舒适和实用等基本需要的创造性艺术"。

然而，自从现代设计运动开展以来，人为环境设计的观念和方法已经完全摆脱了传统观念的束缚，在这种潮流的冲击之下，古老的装饰知识和技术已经无法完全解决人、社会和家庭的实际问题，因而富于现代创造性的"室内环境设计"应运而生。1974年出版的《新大英百科全书》对室内环境设计的解释是："人类创造愉快环境的欲望虽然与文明本身一样古老，但是，作为人为空间的自觉性计划的室内设计是一个相对崭新的领域。室内环境设计这个名词意指一种更为广泛的活动范围，而且表示一种更为严肃的职业地位。"室内设计是建筑或环境设计的一个专门性分支，是一种富于创造性和能够解决问题的设计活动。

图1-3

图1-4

事实上，室内环境设计是科学、艺术、生活结合而成的一个完美整体。在现代工艺学、现代美学、现代生活的共同激励下，它已经发展成为最能显示现代文明生活的环境创造活动。对于个人和家庭来说，它体现了对生活和环境处理的基本修养；对于职业性的设计师来说，它是建设和创造文明环境的有效方法。换句话说，室内环境设计是一种通过空间塑造方式，以提高生活质量和文明水准的智慧表现，它的最高理想在于增进人类生活的幸福感和增加人类生命的价值。

综上所述，各家的解释虽然略有出入，但在实质上其看法是相当一致的。他们共同强调的皆是生活环境的实用性、艺术性和个别性等基本生活原则的创造。

1.1.5 家具与室内设计

家具在字义上是指室内生活所应用的器具。我们知道任何室内空间只是建筑外壳构架内的虚体，只有通过家具设施才能显示它特定的功能和形式，家具是使建筑产生具体特质、价值的必要设施。因此，家具不仅是决定室内功能的基础，而且是表现室内形式的主要角色（图1-5）。例如，办公空间没有家具会是什么样子呢？它只会是一个建筑空壳。只有布置了相应的家具设施，我们才能感觉到这是一处具有办公功能的环境。换句话说，任何室内空间都因家具功能的不同而改变环境用途，也因家具的形式差异而改变了视觉效果。

图1-5

1.2 人与空间环境需求

进行室内空间环境设计，我们首先要研究人与空间的关系，即与之相关的人的行为、感觉、尺度等和空间的环境问题。

人与空间的相互作用建立在建筑空间的设计基础上，同样，人也使得建筑空间变得有价值和有意义。因此，确定了建筑空间整体的目标，就可以具体地预测、设定各种构成空间及在其中进行的行为，调整人、空间、行动的相互关系。以居住空间为例，不同的空间环境可以使我们的生活行为得到整理、归纳，使生活行为与生理要求相统一，虽然它们会有多种多样的内容和形式。

设计师就是从其重要程度的排列次序考虑，选取基本因素，抓住包含各个因素之间有关联性的整体形象，考虑居住者所具有的各种特性和生活目的，设想其生活形象，去设计与其对应的空间。

因此，所谓优秀的室内空间设计，应该充分地捕捉生活行为和空间应有的方式，把它们有机地结合起来。也就是说，优秀的室内空间设计不但是设计空间，而且还是设计生活，以满足人们的各方面需求，如生理、心理、环境、社会等需求（图1-6）。

图1-6

1.2.1 生理需求

建筑最基本的功能，是一个可遮风避雨地方，并在日常生活中为人类提供从事各类活动、工作和休息的场所。过去，人们对空间的需求只是希望房间大一些，能有自己独立的卫生间，客厅能够大一点等，所有这些只是要求量上的满足而已。而今天人们对空间的需求，除了要求量的满足之外，更加注重"质"的满足，例如，"全民装修"的现象，表明了人们对生活、居住环境品质的追求，人们希望自己的居住环境更加舒适（图1-7）。

1.2.2 心理需求

从更深的空间意义上来说，人们追求的是舒适、赏心悦目、趣味性、刺激感、与人共享、社会地位的象征等。其实，人们对于空间环境的感知和心理需求，不单是视觉的满足，形与色的悦目效果虽然是人们追求的目标，但是它不是唯一的目的。今天人们往往把环境设计的全部精力放在形与色的组合上，而忽略了其他心灵方面的因素，例如，温度感觉、嗅觉、听觉、触觉、运动感等。

在我们的日常生活中，冬天盖着刚晒过太阳的暖被子，是不是感觉很温暖？虽然这些效果并不像视觉效果那般突出，但它们给我们带来的心灵感受比视觉上的满足更重要。因此，空间的细微变化和感觉效果，往往可以使原来只有80分的设计作品产生90分的效果。

如中国传统的园林建筑艺术，那种诗情画

图1-7

图1-8

意的感觉，是现在的技术、材料都无法表现出来的。我们在参观游览著名的板桥林家花园（图1-8）时，往往只注意到它的建筑构造和外观等。而细部的题字，以及文字所形成的意象联想，却是很多人忽略的地方。林家花园有一个"方鉴斋"，它主要是供吟诗、宴客、观戏的一个场所，是充满诗情画意的地方。在它的圈门上方，分别有"蔚花""浸月"的题字。虽然这四个字很难用白话解释清楚，但是我们可以从"蔚花""浸月"的字里行间，充分感受到整个空间那种文雅的意境。

1.2.3 环境心理需求

在环境心理学中，心理需求因人、因文化对空间的感受不同而会有所差异。譬如说，因为个体文化的不同，生活环境背景的不一样，而对食物气味的接受度也有所差异，就像很多中国人喜好的美味臭豆腐，而大部分外国友人却无法接受它的味道。人们对空间的感受也是一样，这就是因为个体文化和生活背景环境不同所带来的差异。

一般设计师在从事设计时，往往会在设计中表现出强烈的个人风格，而忽略了空间环境的有机使用和客户的不同感受。客户的心理与环境有着密切的联系，而且环境因素是多方面的，也是复杂多变的，这就要求设计者应从客户的生活环境、内心行为和意愿等角度来思考设计问题。

1.2.4 社会需求

当今物质环境对人类行为的影响是巨大的，并且不断地影响着整个社会环境。室内设计作为人类生活不可缺少的物质基础，也是社会环境的重要组成部分。如何使设计的环境有利于我们的生活，这一问题已经不是简单的设计能解决得了的。该领域的专业人员要把心理学、社会学、生物学、人类学、地质学和生态学等学科同建筑学、城市和社区规划、室内设计和园林设计等实用学科相结合。这种做法既具有人文特点，又有社会整体观念，而不是纯粹出于美观的考虑或狭隘的专业化设计。在今天环境设计强调动态的生态学观点的背景下，简朴的环境设计不仅可以积极地创建个性环境，也是整个社会和环境的需要。

1.3 室内设计的范围

室内环境的类型不仅繁多而且相当复杂，因此，依据使用性质的不同大致划分为以下两种：住宅室内环境、公共室内环境。

根据《新大英百科全书》的分类，室内空间可以包括"住宅室内环境"和"非住宅室内环境"两种。实际上，"非住宅室内环境"与"公共室内环境"，它们所涵盖的领域和内容并没有两样，换句话说，这两种分类方式是完全相同的。

图 1-9

图 1-10

1.3.1 住宅室内环境

　　很明显，住宅室内环境的唯一对象是家庭的居住空间，无论是独立住宅还是公寓式住宅都归属这个范畴。由于家庭是社会的一个基本单元，而且家庭生活具有特殊的性质和不同的需要，因而住宅室内设计已经成为一种专门性的领域。它的主要目的是解答家庭生活问题，为个别家庭塑造理想的生活环境。图 1-9 为具有个性化的居住环境。

1.3.2 公共室内环境

　　公共室内环境是一个涵盖面非常广的名词，它泛指除了住宅以外的所有建筑物内部空间，如公共建筑、商业建筑、旅游和娱乐性建筑等皆归属在这个范畴之中。事实上，各种公共室内空间形态各不相同，而且功能、性质差异很大，它完全不同于居住环境的设计，这也给设计师提出了更高的要求：既要有综合的分析能力和整体的思考能力，同时又要求具备充分的功能和适宜的形式，发挥特殊的效用以满足个体的需要。图 1-10 为公共餐厅。

　　室内设计虽然划分为上述两个主要范围，但其设计原理在大体上是相通的。换句话说，只要我们能够认清现代室内环境设计的本质，并且充分把握个体空间的特殊目的，必能创造出理想的环境形式。

　　不同类别的室内设计在设计内容和要求方面有其共同点和不同点，可参考图 1-11。

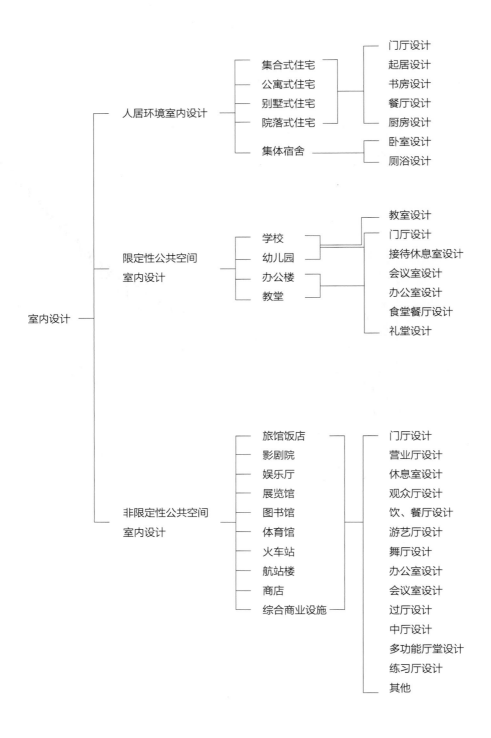

图 1–11

1.4 室内设计的原则

（1）实用性

实用性亦指功能性，是指满足使用者对空间的基本要求，即使用者希望得到的使用功能、生活方式。每个人都希望居室的环境和家具设施——能充分发挥最大的效用和有效"运转"。再漂亮的室内设计，如果不能有效发挥功能效用的话，也算不上是一个成功设计。

此外，空间性还包括为人的行为活动提供的空间，如面积大小、方位、朝向、设施、机械配件和使用规定，以及与其他房屋面积之间的关系等（图1-12）。家庭环境中的各种设施为我们的生活带来了极大的方便。

（2）美观性

美观性是指客户对室内环境风格和个性的追求。常言道："情人眼里出西施。"也就是说，美是因个人的理解能力和审美标准不同而有差异的。同时，人们对美的看法又受时间、环境和文化修养的影响。因此，作为一个优秀的设计师，要充分了解客户的兴趣爱好和审美情趣，有针对性地进行设计。这也从另一个层面上要求设计师要有较高的文化修养和素质，只有这样，才能设计出让人愉悦的作品，以此来满足人的感官刺激的内在需要。好的设计可以使人的感官得到满足，精神得到升华。如图1-13所示，空间环境中清新的色彩和个性化的物品设计给人以美的享受。

（3）经济性

经济性指的是对人员、材料、资金的管理，

图1-12

图1-13

它决定要完成的设计意图、项目实施的可行性，经济方面的问题会直接影响最后的设计决策。在设计规划过程中我们不仅要考虑购买设备、材料的品种和数量及施工所需的资金，同时还要考虑今后长时期内的维修与更换费用。

在设计中材料的选择、施工技术的难易程度、工程的工期等都与费用有着直接的联系。在初步设计和计划中有多种方法可以限制施工成本：施工人员的合理组织，材料选择，个别零配件等的成本节约方案。设计中还应考虑如何满足未来变化的需要，在这方面能灵活处理也会降低

成本的支出（图1-14）。简约的室内环境设计不仅可减少成本造价，同时对环境保护也会起到积极作用。

（4）独特性

独特性是设计师个人风格与个性的体现，当然也离不开客户的参与。对客户情况的准确把握是设计师的设计能充分反映客户个性的基础，因此独特性是建立在对客户进行调查分析的基础之上的，如了解客户的独特习惯、兴趣爱好、价值观、心理需求、社会关系、偏向爱好，以及年

图1-14

龄、性别、生命周期所处阶段；客户类型，如是否为单亲家庭、核心家庭、无子女的夫妻、大家庭、老年家庭、单身家庭等。独特性风格指的是独特的设计、施工和操作方式，它体现的是某一文化时期、某一特定的环境和审美观念。独特的设计风格是设计者个人生活方式的和谐反映，设计者只有把自己独特的设计风格渗入设计过程中才能够体现这一主张，而并非附和最新的流行时尚。没有人希望自己的家像旅馆一样缺乏个性，客户也不希望自己的室内设计与别人的一样。如图 1-15 所示为室内设计的独特个性体现，其设计风格使空间环境呈现出新奇、别具一格的气氛，而且具有持久的吸引力。

独特性、实用性、美观性和经济性这四个方面的问题密切相关，犹如织品中的经纬交错一般，其中任何一方都不可能和其他方面完全分离开来而能充分发挥作用。如在挑选装饰材料、设备和家具的时候，就得与费用挂钩，功能和价格可能是首先考虑的因素；而在挑选配件时，美观和独特性可能是应首先考虑的。因此每个目标都

必须和其他目标联系起来以取得平衡，从而达到优秀设计的大目标。

图 1-15

1.5 室内设计的目的与任务

室内设计包括物质建设与精神建设两个层面，因而它同时具有以下两个互为因果的基本目的：改善室内环境的物质条件，以提高物质生活水平；创造室内环境的精神品质，以提高人们的精神文化品位。

室内环境的物质条件是以自然和人的生活要素为主要因素，运用理性的法则创造具有合适的功能的室内环境空间。

从原则上说，室内设计的物质建设是建立在"实用性""经济性"的基础之上的。

室内设计的"实用性"是在物质条件下的科学应用，包括室内环境中的空间计划、形

图 1-16

式、家具、陈设的合理配置，以及采光、照明、通风、水、电的设施布置等，这些都必须建立在科学合理的基础上，以满足个体的使用功能需求。

室内设计"经济性"是建立在人力、物力、财力的有效利用上，充分发挥人、物资的最大效用，即所有的物资都应该精心计划，同时还要考虑它的长期使用价值，从而避免由于计划的不周全和品质差异带来的浪费。

室内环境的精神品质是指视觉感受给人们带来的心灵上的满足，它以"人"为中心，加强空间形式的表现，使人的心理得到平衡，情感得以抒发和升华。室内环境的精神建设一般都建立在"艺术性"与"个性化"创造的基础上。

室内环境的"艺术性"是室内设计的形式法则。图 1-16 所示的室内设计形式构成、色彩、灯光照明以及材质等在符合美学原理的条件下，创造出具有愉悦美的感官视觉效果。

图 1-17 所示为室内环境的自然再现，给环境增添了新的气息。室内环境的"个性化"建立在客户个人性格以及学识、修养等差异之上，并透过室内的设计形式反映不同的格调、品位，主要满足具有个性特征和特殊人群的需要，具有特殊的精神品质和个性内涵。

图 1-17

1.6 设计师的职业范围

室内设计作为一门综合性的设计学科，涉及的专业知识面广，内容多；尤其是现代室内设计的飞速发展，对设计师提出了较高的要求。它要求室内设计师不仅要具有较高的艺术修养，掌握现代科技、材料及工艺知识，而且还要具有处理实际问题的能力。由于室内设计发展具有专业化、系统化、多样化的特点，因此我们有必要对设计师的职业范围进行概括和归纳，这样有利于室内环境设计的专业化以及室内设计人员专业素质的提高。

20世纪60年代以后，在先进工业化国家，室内设计行业迅速发展壮大，对室内环境设计也进行了职业上的划分。设计师的职业范围大致可分为以下四个方面：

第一，以空间设计为中心，负责室内所有内容的统一设计。即对建筑所提供的内部空间进行设计处理，在建筑设计的基础上进一步调整空间的尺度和比例，解决好空间与空间之间的衔接、对比、统一等问题。在这种情况下，室内设计师是从内部来进行建筑设计工作的，所以又可称为"室内建筑师"。图1-18为赖特设计的古根海姆美术馆。

第二，室内装修设计，主要是按照空间处理的要求把空间围护体的各个界面进行设计处理，即对墙面、地面、天花板等进行处理，包括对分割空间的实体、半实体、建筑构造体有关部分进行的设计处理。图1-19所示为根据功能的需要对室内环境的各个界面的设计以及家具配置。

图1-18

图1-19

第三，室内物理环境设计，对室内环境的温度、采光、照明以及对使用者所必须具有的物理、心理感受进行综合判断和选择，是现代室内设计中极为重要的方面。随着科技的不断发展与应用，室内物理环境设计已成为衡量环境质量的重要内容。如图 1-20 所示，剧场的各种灯光、音响的设计直接影响人们的视听效果。

第四，室内陈设艺术设计，主要是对室内家具、设备、装饰织物、陈设艺术品、照明灯具、绿化等方面的设计处理。由于设计师使用的设计产品多数在工厂生产或工作室里加工制作，因此可称设计师为"室内产品设计师"。图 1-21 中室内陈设和家具的选择使空间环境具有不同的视觉效果。

图 1-21

图 1-20

1.7 设计百年回顾

室内设计（装饰设计）是 19 世纪后期建筑和设计进行革新的结果，并在 20 世纪初发生了根本性的变化，以后它一直处于不断深化和提高之中。回顾设计百年的发展历程，对于我们今天的设计有着极其重要的指导意义，我们从中可以得到启迪和借鉴。

室内设计是人类诞生以来就孜孜以求的，是美化环境的需要，它是在追求舒适和安逸，张扬个性以及解决问题的过程中体现出的创造性活动。在整个人类历史中，人们一直在以独特的方式进行着室内环境设计和装潢，如人类在窑洞里进行布置、装饰以满足其审美和实用需求（图 1-22）。可以说，对室内空间进行布置和装饰几乎是居住者与生俱来的习惯。

1.7.1 工艺美术运动

作为 19 世纪工艺美术运动的代表人物，威廉·莫里斯（1834~1896）把艺术与道德联系在一起，拒绝现代文明。莫里斯认为，机器生产毁灭了"工作中的乐趣"，而正是这样的乐趣推动着中世纪的艺人创作出真正美的艺术作品。他谴责工业化生产的机械产品，提倡以中世纪的乌托邦社会为典型，彻底改造当时的社会和艺术。他倡导居室中使用的家具应真实展现制作手艺和材料的质地，而不是追求风格的模仿、具体的细节和引起错觉的效果。

莫里斯用现实来检验自己的理论。1861年，他成立了第一家商号（后来更名为莫里斯公司），主要生产织物、墙纸和家具。在公司产品的设计和生产过程中，莫里斯得到了一批艺术家和手工艺人的帮助（图 1-23）。

这一合作的结果体现于他在 1867 年建造的房屋的环境设计中。建筑师菲利普·韦伯设计用刷过油漆的和石膏制成的饰品布置墙面和天花板，画家爱德华、伯恩·琼斯则提供了彩色窗玻璃和装饰护墙板的小型油画，莫里斯设计了地毯，同时莫里斯公司还制作了所有的家具（图1-24），包括一架大钢琴和几个尺寸相当大的橱柜，其坚实的结构和描绘精致的装饰画显示出每个柜子都是手工艺匠人的独特作品。

图 1-22

图 1-23

图 1-24

图 1-25

图 1-26

1.7.2 新艺术运动

新艺术运动开启了第一个真正具有独创性风格的新时代，它沿袭了工艺美术运动中流线和简洁的造型。尽管它只不过是 19 世纪和 20 世纪的过渡性产物，但其与盛行一时的"1900 前后风格"作品相比，有很大的差别。

新艺术运动的明确目标是创造一种全新的形式语言，它把传统的痕迹全都抹去了。其最具特征性的主题为波纹。与具象几何图形不同，这一风格的图形以抽象的几何图案为主，采用间接表现的方式，体现自然生长过程的原生态主题（图 1-25、图 1-26）。

所有这些特点在比利时建筑师维克多·奥尔塔（1861—1947）设计的布鲁塞尔的"TASSEL 住宅"中得以体现，尽管可能受到日本的艺术作品与某些英国织物和书籍设计的影响，但是奥尔塔基本上是靠自己独创了这一风格。一根细长的铁柱冒出如树一般的卷须支撑着拱形天花板的横梁，以不规则图案呈现的细长弯曲的"缎带"到处可见（图 1-27）。包括那些绘在墙面上的、用马赛克砖铺设在地面上的，以及用铁铸在扶手上的图案，都无不体现其独特性。在奥尔塔的手中，新艺术设计把工业材料和独特的手工艺、功能表达和拱形装饰结合在了一起。

图 1-27

图 1-28

软装设计第一人——艾尔西·德·沃尔夫

　　1890 年，一篇题为《作为女性职业的室内装饰》的文章，促成了今天称为室内设计师这一职业的产生。艾尔西·德·沃尔夫是 19 世纪美国的第一个专业装饰师。沃尔夫既不是手工艺匠人，也不是商人或供应商，她是一位设计监理。她不依靠艺术家、制作者和收藏家，而是从美学和理性的角度，独立做出自己的判断评价。她因此成了一个从事室内装潢设计的专业人员（图1-28）。

　　1898 年，她摒弃美国人居室中典型的维多利亚室内装饰风格，将自己纽约家昏暗笨重、杂乱的居室变成简洁雅致、轻巧和通风的房间，并配置了 18 世纪法国的新古典家具和舒适的英国乡村印花布。她把收集和展示的各种图案和艺术品搬走，消除了令人压抑的昏暗色彩，代之以简洁朴实的饰面、统一的图案、明亮的色彩（白色、象

牙色和米色）、镜子和玻璃。

　　沃尔夫通过1910 年的系列讲座在装饰领域确立了自己的权威地位，并扩大了自己的影响，而且推广了她的轻巧舒适的新古典风格，在以后两年里，她继续发表文章，1913 年出版了一本著作《品位饰家》。沃尔夫为室内设计专业的形成奠定了基础。

1.7.3 包豪斯设计学校

（1）沃尔特·格罗皮乌斯

　　沃尔特·格罗皮乌斯是包豪斯建筑学派（1919—1933）的代表人物，他不仅是德国包豪斯设计学校的校长，也是一位伟大的建筑大师和设计教育家。沃尔特·格罗皮乌斯于 1919 年在魏玛成立了包豪斯学校，包豪斯学校原来的艺术和手工艺课程在建筑、家具、织物和家庭用品

的设计中基本上都使用机器制造。其主要的美学原理是简化所有产品的设计，使产品的功能、材料和工业制作过程得以正常发挥。在整整半个多世纪里，包豪斯学校的教育一直影响着设计的发展（图1-29）。

包豪斯学校吸收了当时诸多的艺术家、建筑师、手工艺人、工业设计师和工业领袖，它一直是欧洲设计创新的中心。二战期间学校被迫关闭。1937年沃尔特·格罗皮乌斯等部分教师移居美国，将建筑设计教育体系传播到了美国，并且影响着好几代美国的建筑教育学家，且在商业和工业领域也得到了公众的认同。

（2）密斯·凡·德·罗

密斯·凡·德·罗是德国最具创意的建筑师，是包豪斯学校第三任校长。他身上集中地体现了包豪斯学派以机器创造为中心的美学观，他把这一理念传遍欧洲和美国，该理念后来被称为"国际风格"。1955年，密斯·凡·德·罗为伊利诺斯州工学院设计了一幢克郎大楼，完全用钢筋和玻璃把建筑包围起来（图1-30）。

密斯·凡·德·罗的"少即多"理论精辟概括了他的设计思想和工作方法，即把一个目标对象简化为最基本的部分，然后对每一个细节都给予极度关注，由此而对设计对象做出精心的创造。他于1929年为巴塞罗那展览馆设计制作了"巴塞罗那椅子"（图1-31）。这把呈方形的宽大尺寸的椅子俨然是他自己身躯的体现，柔和的曲线则使座椅的舒适豪华展露无遗。

（3）勒·柯布西耶

勒·柯布西耶把现代住宅称为"供居住的机器"。与莱特把住宅与自然景色融为一体的做法和密斯·凡·德·罗的视住宅为网状式空间的理性主义思想相反，他把建筑视为一种英雄式的陈述，即一种建构于自然和冷漠之上的人的意志宣言。他的现代建筑核心内容被理论界总结为六个基本原则：

①结构形式：柱支撑结构，而不是传统的承重墙结构。

图1-29

图1-30

②空间结构：建筑下部留空，形成建筑的六个面，而不是传统的五个面。

③上人屋顶：屋顶设计成平台结构，作为屋顶花园，供居住者休息用。

④流动空间：室内完全敞开的设计，尽量改变用墙面分隔房间的传统方式。

⑤剔除装饰：完全没有装饰的立面。

⑥窗户独立：窗户采用条形，与建筑本身的承受力结构无关，因而窗的结构独立。

柯布西耶设计的室内环境就像中空的立方体，被几何形的结构包围，有时则借助柔和的色彩或突出的雕塑活跃气氛。有几套室内设计他是在自己的兄弟皮埃尔·让内特和家具设计师夏洛特·佩里昂的帮助下完成的。他们一起设计了漂亮的嵌入式储物柜的墙面和安放于改建过的居室中的两把不相同的椅子。尽管与密斯·凡·德·罗设计的椅子比起来，前者的价格要高得多，而且不那么富于理性（尤其是装上黑白色的幼马皮时），但这一机器时代的家具在最具现代环境的居室中仍显得那么合乎时宜。图1-32为柯布西耶设计的具有个性化的黑白色椅子。

（4）弗兰克·劳埃德·赖特

弗兰克·劳埃德·赖特的设计在20世纪初代表了手工艺运动设计思想，也标志着现代居室设计的开始。赖特早年在芝加哥路易斯·沙利文的手下接受训练，后来他提出了"有机建筑"理论，即建筑应该是"有机的"，一幢建筑应该从里边"生长"出来，即由其功能、使用的建筑材料和建造的方位所决定。

弗兰克·劳埃德·赖特一生一直充满着旺盛的活力和创新精神，同时他也始终保持着对自然的浪漫的爱。他利用自然环境——山坡，在一条

图1-31

图1-32

图1-33

急流边设计、建造了名为"流水别墅"的住宅，在设计时充分考虑了穿越树林的一条小溪上形成的小瀑布，使建筑和自然环境融为一体，恰如他对优秀建筑所下的定义："一座使得风景比原来更美的房子。"图1-33为弗兰克·劳埃德·赖特设计的"流水别墅"。

1.7.4 风格派

风格派由一群荷兰艺术家和建筑师于1917年创建，并为现代设计做出了突出贡献。这批人当中的画家们力图实现"艺术的激进复生"，发明了一种完全抽象的样式，把绘画成分限制在平面画布的线条和几何图形的抽象搭配中，只使用黑色、白色以及红、蓝和黄等几种原色。其中的代表人物有画家蒙德里安和建筑师托马斯·里特维尔德。图1-34为托马斯·里特维尔德设计的作品。

托马斯·里特维尔德原来是家具设计师，后来改行当上了建筑师。早在1917年，他就把上述原则以三维形式体现在他设计的"红蓝椅"上。椅子的垂直线性结构、平整的板面以及简洁的细木工手艺使人回想起麦金托什和莱特的家具来，但其侧重面则大不相同。油漆遮住了木质的自然纹理，棱角清晰的木条木板体现的是"机器美学"，而不是实际制作该椅子的工艺匠的手艺。相互交叉的材料在交叉之后几乎在周围的空间里可以无限延伸下去。底座和椅背的倾斜度似乎是为人就座时的舒适做出的唯一让步。然而尽管有这些新颖之处和对过去模式的彻底抛弃，但红蓝椅依然是美学教条机械式显示。图1-35为托马斯·里特维尔德设计的风格派建筑。

图1-34

图1-35

1.7.5 后现代设计

后现代设计主义（又称复古主义、现代传统主义、装饰主义）作为一个特别的艺术运动和流派，反对现代建筑和室内设计运动，尤其是在20世纪60~70年代变得日趋激烈。这一流派寻求在当代的设计中重新恢复装饰和历史传统，以创造性的新形式和色彩反映丰富的历史承袭，这样的设计能激起人们更亲切的情感反应，而且以更人性化的环境反映用户的需要和参与。这种目空一切的折中主义被称为后现代主义，其主要的提倡者和代表人物有罗伯特·文图里、查尔斯·穆尔、菲利普·约翰逊、罗伯特·斯特恩和迈克尔·格雷夫斯。

后现代设计还表现在对历史的借鉴上，它将主要经典的样式结构用于室内和室外装饰设计上。如图1-36是典型的后现代设计，它复古的线条、三角装饰、立柱装饰等无不体现出后现代设计风格。从历史角度来看，与功能型的现代设计的严肃相比，后现代设计具有一种讽刺性和幽默感。

后现代设计主义强调建筑和室内设计的复杂性与矛盾性，反对简单化、模式化，讲究文脉，追求人情味；崇尚隐喻与象征手法；大胆运用装饰和色彩，提倡多样化和多元化。其室内设计特征可归纳为：

①造型特点繁复。它一反现代主义的"少就是多"的观点，使建筑设计和室内设计的造型特点趋向繁多和复杂。强调象征、隐喻的形体特征和空间关系（图1-37）。

②设计语言丰富。设计时用传统建筑或室内元件（构件）通过新的手法加以组合，或者将室内元件与新的元件混合、叠加，最终表现出设计语言的双重译码和含混的特点（图1-38）。

图 1-36

图 1-37

图 1-38

图 1-39

③艺术表现强烈。在室内大胆地运用图案装饰和色彩（图 1-39）。

④设计手法多样。在设计构图时往往采用夸张、变形、断裂、反射、折射、裂变等方法来组合常见的物体，用各种刻意制造矛盾的手段，如断裂、错位、扭曲、矛盾共处等，把传统的构件组合在新的情景之中，让人产生复杂的联想（图 1-40）。

⑤布置极具特色。室内设置的家具、陈设艺术品往往突出其象征、隐喻意义（图 1-41）。

图 1-40

图 1-41

1.7.6 解构主义

解构主义是从结构主义中演化出来的。其形式的实质是对结构主义的破坏和分解，对正统原则与正统标准的否定与批判，是针对现代主义、国际主义的标准和原则。也就是说解构主义用分解的观念，强调打碎、叠加、重组，从传统的功能与形式的对立统一关系转向两者叠加、交互与并立。用分解和组合的形式表现时间的延续性。解构主义的设计师们大胆探索，设计作品与众不同，往往能给人意料之外的刺激和感受。解构主义的设计特征可概括为：

①艺术追求。刻意追求毫无关系的复杂性，无关联的片段与片段的叠加、重组，具有抽象的废墟般形式和不和谐性（图1-42）。

②设计语言。晦涩，片面强调设计作品的表意功能，因此作品设计者与观赏者之间难以沟通。

图 1-43

图 1-44

图 1-42

图 1-45

图 1-46

③精神消极性。对一切既有的设计规则，热衷于肢解理念，打破了过去建筑结构重视力学原理的横平竖直稳定感、坚固感和秩序感。其建筑、室内设计作品给人以灾难感、危险感、悲剧感，使人获得与建筑的基本功能相违背的感受（图1-43）。

④设计任意性。无中心、无场所、无约束，具有因人而异的特点（图1-44）。

1.7.7 新地方主义

新地方主义与现代主义（国际主义）的千篇一律相对立。新地方主义强调地方特色或民俗特色设计创作倾向，强调乡土味道的民族化，在北欧、日本和第三世界等国家和地区比较流行。其特点可归纳为：

①地方风格。由于各个地区的风格样式丰富多彩，因此新地方主义就没有严格的、一成不变的规则和确定的设计模式。设计时，设计师发挥的自由度较大，以反映某个地区的风格样式以及艺术特色为要旨（图1-45）。

②就地取材。设计中尽量使用当地材料和当地做法，表现出因地制宜的设计特色（图

1-46）。

③地方特色。注意建筑、室内与当地风土、环境的融合，从传统建筑和民居建筑中吸收营养，因此具有浓郁的乡土风味。室内设备是现代化的，保证了功能上的方便和使用上的舒适要求（图1-47）。

④布置艺术。室内陈设的艺术品强调地方特色和民俗特色。新地方主义的设计风格来自其主导思想，即强调地方和民俗特色及就地取材，故可利用的资源多，并采用廉价的地方材料和因地制宜的设计原则。因而造价低廉，很受人们欢迎。这对我们如何利用具有民族文化、地方特色的设计与高精的现代材料、现代加工技术，高标准高造价的室内设计相抗衡，很有启迪意义（图1-48）。

1.7.8 高技派

高技派是活跃于20世纪50年代末至20世纪70年代的设计流派。在许多人强调建筑的共生性、人情味和乡土味时，高技派的设计作品在表现时代情感方面也在不断地探索新形式、新手法。高技派反对传统的审美观念，强调设计作为信息的媒介和设计的交际功能（图1-49），

图 1-47

图 1-48

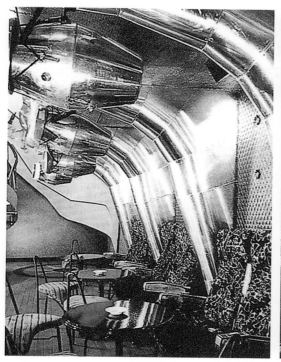

图 1-49

图 1-50

在建筑设计和室内设计中采用新技术，在美学上极力鼓吹表现新技术，包括"现代主义建筑"在设计方法中"重理"，以及讲求技术精美和"粗野主义"倾向；同时在室内设计中充分显示材质的肌理效果和特色，以及运用现代高科技加工工艺创造出新的材质肌理效果（图1-50），并将其尽情表现：或粗犷有力，或高档细密，或材柔质软，或挺拔坚硬，或华贵雅致，或朴拙生动，或浓密烦琐，或平淡简约，等等。高技派室内设计师们擅长于抽象形体的构成。常常用具雕塑感的几何构成来塑造室内空间，室内空间具有明晰的轮廓，实用、舒适，在简洁明快的空间里运用现代材料和现代加工技术；高精度的装修和家具传递着时代精神，这些产品、部件的高精密度表象成为欣赏的对象，因而无须其他多余的装饰来画蛇添足。现代主义建筑大师密斯·凡·德·罗提出的"少就是多"，是高技派设计师们遵循的信条。

1.7.9 中国传统风格

中国的传统建筑样式，室内多为对称的空间形式，宫殿与厅堂中梁架、斗拱、襻摩间等都以其结构与装饰的双重作用成为室内的艺术形象部分。室内的天花板与藻井、家具、字画、陈设艺术等均作为一个整体来处理。室内除固定的隔断和隔扇外，还使用可移动的屏风、博古架等与家具相结合，对于组织空间起到增加层次和深度的作用。在室内色彩方面，宫殿建筑室内的梁、柱常用强烈的红色，天花板、藻井绘制各种具有鲜明色彩的图画，取得对比调和的效果（图1-51）。南方则常用栗色、黑墨绿色等色彩，与白墙灰瓦相辉映，形成秀丽淡雅的格调。

1.7.10 绿色环保主义

绿色环保主义设计流行于20世纪90年代，室内设计把各种设计元素与绿色材料联系并糅合在一起，同时还对历史文化加以挖掘和保护。例如，城市在大搞建设的同时，也在加强对具历史文化风貌的传统建筑、工业时代的建筑、具有文化特色的民居和乡村风格的建筑进行保护（图1-52）。如上海对"石库门"整个街区进行修整复旧，给了老建筑新的生命。老建筑的保护、再利用、再设计，以及能源和自然资源的保护，说明绿色环保设计是设计师未来必须首要关

图 1-51

图 1-52

注和面对的重要方面。

在人类生存环境不断遭到破坏、城市人口拥挤、住宅环境恶化的情况下，人们向往自然，追求自然。周末农村人进城购物，而城里人去郊外享受自然风光和清新的空气。城里人希望自己的住宅中也能有乡间恬静舒适的田园生活氛围，因此引发了在城市住宅中追求自然田园景观的室内设计。

"绿色"或"生态设计"还体现在室内设计的实施上。盲目的"装修风潮"带来的材料浪费，造成大量的自然资源的流失，以及"污染的室内环境"所产生的各种危害健康的现象（"污染的室内环境"是因为我们采用有害的装饰材料而造成室内环境的空气污染）。绿色环保主义不仅仅表现在我们对居住环境的安全保护，而且表现在减少自然资源的浪费，建立人工环境与自然环境融为一体的美学观。柯布西耶在住宅作品中就采用雕塑般的柔软可塑性的设计（图1-53）；赖特建造的"流水别墅"，充分体现了建筑与环境的有机融合。

图1-53

1.8　设计师应具备的知识素养

室内设计师的职责是创造一个物质化的，具有艺术、文化品位的室内环境空间。作为设计师，不仅要有专业的技术知识，同时还要有丰富的文化知识和艺术修养。鲁迅先生就曾说过："美术家固然须有精熟的技工，但尤须有进步的思想与高尚的人格。他的制作表面上是一张画，或一个雕像，其实是他的思想与人格的表现。"设计师的艺术修养，不仅仅是指自身的专业，对于绘画、美学、管理学、文艺理论、艺术史、设计史、心理学、文学等知识的学习也是必不可少的。概括起来，室内设计师应具备如下知识素养：

①建筑知识。建筑是室内空间设计的基础。

作为室内设计师，要对结构构造技术有一定的了解，只有这样才能对构成室内空间的技术问题有全面的认识，才能够根据具体情况，进行创造性的设计。在实际工作中，作为室内设计师，接触得较多的是建筑构造和细部装修构造等问题。所以，在掌握一般的建筑构造原理的同时，室内设计师还必须深入了解材料的性质和构造特点。因此，在各种具体技术问题上，在怎样从艺术的角度来处理结构和构造的问题上，以出人意料的独特形式创造出新颖的室内空间，是室内设计师的必备修养与基本功。

②空间概念。室内空间艺术形态的审美内容不是简单地以形、色、肌理等加以概括的。空间艺术的质量主要取决于空间与空间、空间与人的行为、空间与环境等关系的处理水平。空间关系并不是完全抽象的，人们在某处特定的空间中所从事的特定活动制约着空间的构成关系。例如，连续的动作或者近似的动作要求空间的连续或渐变关系；间断性或私密性活动则要求空间的隔离或封闭关系；室内空间的综合性功能又要求空间组合具有主从关系。所以，作为设计师，必须具备空间概念。

③设计表达能力。设计的表达体现了设计师对空间的认识和理解能力，同时它又是传递信息的手段，能够有效地将抽象的概念转化为视觉形象，既把设计师的设计意图以视觉形式传递给客户，又把客户的梦想从概念变成可视，使客户对所设计的空间有一个更直观、具体的认识。对于施工人员来说，设计表达又是制作实施的依据和标准。

④材料与加工技术。称职的设计人员，必须对各种材料和加工工艺了如指掌，通过实践，与生产第一线的工程师们学习、交流，逐渐了解各种材料的工艺性能，同时还必须懂得生产的各个技术环节、工艺过程。只有这样，才能使自己的设计不至于成为不符实际的空中楼阁。要充分利用生产工艺和原材料的一切有利因素来从事切实可行的设计，并随时注意不断出现的新材料、新工艺技术，创造更新更实用的设计。

一个优秀的设计师不仅要具有专业技术知识，同时还要不断地学习相关的知识，具有多学科知识的综合能力。

所以一个优秀的设计师应具有调查分析、了解与判断事物的能力；具有较好的艺术修养水平；具有较好的艺术造型能力；具有较好的艺术表现能力；具有室内设计专业知识；掌握装修工艺与综合能力；具备人体工程学的知识；具有市场学、公共关系学、经济学等方面的知识；具有建筑学的专业知识；具有空调、电器、消防、卫生等方面的知识。

一个敏锐的设计师，会通过注视市场动态、流行趋势来推敲、研究和观测流行的演变规律来实现自己的设计目的。设计是以个人的经验找寻解决问题的途径，是别人无法代替的。优秀的设计师必须脚踏实地，有独具匠心的设计理念和强烈的创造欲，只有这样，其设计才能立于不败之地。

思考题

1. 如何正确理解室内设计？
2. 室内设计的范围包括哪些？
3. 室内设计的基本原则是什么？
4. 室内设计史上有哪些代表人物？
5. 优秀室内设计师应该具备哪些知识？
6. 空间设计的目的是什么？

2

设计基础

设计要素
人体工学
家具设计

The Principle of
Interior Design

2.1 设计要素

任何艺术形式都有自己的特征和"语言"符号，音乐家通过音符的起伏变化来表达自己的思想情感，舞蹈家则用肢体语言表达心情的变化，画家是用笔、色彩、布（纸）创作艺术作品，而室内设计的"语言"创意表达则是通过对空间、形态、采光、照明、色彩的组织实施来实现。

2.1.1 空间

就文字本身的含义来讲，空间的"空"，旷也，虚也，广阔而虚空之意。关于空间的理论，老子曾说过："三十辐，共一毂，当其无，有车之用。埏埴以为器，当其无，有器之用。凿户牖以为室，当其无，有室之用。故有之以为利，无之以为用。"形象而生动地阐述了空间的实体与虚空、存在与功用之间辩证而又统一的关系。实体与虚空在空间艺术中相生相连，缺一不可。离开了空间构成的要素实体，则空间不成其为空间，没有"虚空"的空间不能达到一定的功用，且空间失去其价值。

空间是室内设计中最基本的要素之一。如果给室内空间下一个定义的话，即由地板、墙壁、天花板所限定的环境。空间与我们的生活、工作行为有着密切的联系，不同的空间形式，限定着我们的行为活动。例如，在面积相同的居住空间中，由于房间的构成及地面装饰方式的不同，人们的生活方式也受到不同形式的限定。因此，必须充分了解空间使用的实际状态，掌握与空间相对应的行为活动，才能设计出适宜的空间环境。

图 2-1

图 2-2

（1）空间构成

在设计领域里，点、线、面是设计构成的基本要素。由这些要素可以构成二维的画面空间，而建筑形态的构成要素也由点、线、面和体等组成。一根柱子是点运动的轨迹，一面墙是线的运动轨迹，建筑体块则是面的集合。三根柱子、两块墙面或一块墙面和一根柱子，或两块楼板、几面墙等，就可以构成最基本的三维空间（图2-1）。从另一方面来说，人行道与树、树与建筑物、室内家具与墙面、室内家具与绿化植物之间等也都可以构成空间（图2-2）。

（2）空间次序

室内设计可以说是对室内空间进行有次序的划分、组合设计。空间的次序犹如音乐的乐章，由序曲、高潮、结尾、高潮与低潮交融相衬，抑扬顿挫，节奏分明。空间的次序是在满足功能的同时，让人感受到方便、适宜和轻松，是设计师按建筑功能给予合理组织的空间组合，使各个空间之间的流线和方向变得有序。图2-3为住宅空间次序。

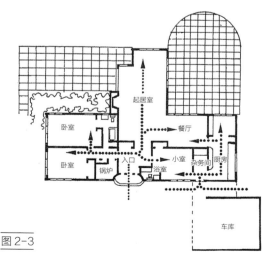

图 2-3

一方面，空间次序的构思是建立在若干相联系的空间、前后连续的空间环境基础之上的。它的构成形式随着功能要求和人的欲望的多样而丰富多彩。空间次序设计又是大小空间、主空间和辅助空间的穿插组合。另一方面，空间次序设计除了要满足人的行为活动的物质需要之外，也是设计师从心理和生理上积极影响人的艺术手段。换句话说，设计师在空间次序设计上要给人先看什么，后看什么，这里就有空间前奏、空间过渡、空间主体以及空间终了的次序。

例如，中国园林的"山重水复""柳暗花明""别有洞天""先抑后扬""迂回曲折""豁然开朗"等空间处理手法，都是采用过渡空间将若干相对独立的空间有机地联系起来，并将视线引向高潮。中国园林布局在整体上是"山水画"式的，整个空间布局以山水为景区的主体，建筑物作为山水的点缀；整个园林设置是景中有景、园中有园、峰回路转、曲折幽深，把空间布局转化为时间流程，构图复杂多变，力图通过游览时间的延伸来展示各个景区，并将各个不同的景区有机统一起来。以苏州狮子园为例（图2-4），它的建筑样式很多，但都不是按规整的准则设置，而是按山水意境的要求排列，显得错落有致、韵味无穷。中园是全园的主体，它以池水为中心布局，各种建筑物临水而设，厅堂楼阁依山水之势的不同而形式不同，风格各异。这样，整个中园景点多样，有主题，有重点，对比强烈，南北呼应，山水和建筑和谐一致，自然韵味浓烈深厚。

图2-5所示为某建筑展览馆，分层展览建筑大师的作品。设计者为观众安排了如下参观顺序：首先让观众入厅乘电梯→顶层第一展览室即柯布西耶展室→下至倒数第二层即奥托展室→倒

图2-4

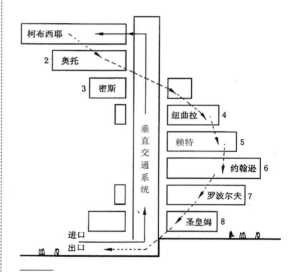

图2-5

图2-6

图2-7

图2-8

数第三层即密斯展室……从这个设计思路可以看到次序设计是大小空间、主空间和辅助空间穿插组合的，在进口附近必然有售票空间、门厅以及交通空间。展览室从主空间过渡到另一层时，配以休息厅、卫生间和小卖部等辅助空间。这样自上而下的空间次序，是建筑师利用人向下行走时不感觉疲劳的规律，使参观者不经意间就看完全部展览走到了展览馆的楼下出口处。

上述例子说明了各种建筑空间环境有不同的次序要求。中国园林是将若干个不同的形式、功能的空间构成犹如诗画一般的环境，而展览馆的设计则使人在行动过程中得到自然调节与休息。

空间设计要以人为中心，而人在空间中处于运动状态，并在运动中感受、体验空间的存在，这就要求空间的次序设计要充分考虑这种动态关系。因此空间次序设计又是设计师根据建筑的物质功能和精神功能的要求，运用各种艺术设计的"语言"进行的创造活动。虽然空间次序的设计因人、因事和所提供的环境条件等不同而千差万别，但归结起来为两种：

①引导性。室内环境的引导性是空间次序设计的基本手法，通过设计使空间环境引导人们行动的方向，让人们进入空间，随着建筑空间的布置自

然而然地融入其中，从而满足对建筑物的物质功能和精神功能的双重需求。常用的导向设计手法是采用同一或类似的视觉元素进行导向，如通过一片墙、一块相同的颜色或相同的形式语言。

如图2-6所示的园林设计中，月洞门的设计就有一个引导的作用，只有通过月洞门才能进入另一空间，而墙和树木既起着空间分隔，又起着导向作用。

相同元素的重复产生节奏，同时也具有导向性。如公路两旁的道路林，园林中的林荫道，垂直的树木重复排列构成导向。如图2-7所示的西塘的长廊，它的透空给人以视觉的流动和延伸，许多线形栏杆有规则地重复组合，使所限定的空间具有向前的导向作用。由此可知，设计师常常运用形式美学中各种韵律构图和具有方向性的形象作为空间导向手段。诸如连续的货架、柜台、列柱以及装修的方向性构成、装饰灯具、绿化组合、天棚及地面利用彩带图案线条等强化导向，所有这些都暗示和引导着人们行动的方向和注意力。

②视觉中心的安排。导向性只是把人引向高潮的引子，最终的目的是导向视觉中心。以中国园林为例，建筑以廊、桥、矮墙为导向，利用

虚实对比、隔景、借景等手法，使环境虚中有实，园林中长廊有意制造一些小曲折使廊与墙之间形成空间，并设小景以打破单调感，活跃环境气氛。一池潭水则成为环境的中心，围绕它的建筑、小桥、树木分隔藏而不露，使人觉察不到水的终点，一波三折，步移景异，好景不断，绵延深长，让人领略到诗情画意的美感（图2-8）。

（3）空间组织

对于室内设计师而言，为了满足空间环境的不同用途的需要，而对空间进行计划组织是很关键的。设计师要创造，对空间进行计划组织是很关键的。当设计师要创造和界定一个围起来的空间时，会有多种多样的方法，空间组织的概念也有助于对已有的空间结构做出系统分析。空间的组织主要是解决根据需要对远近距离、尺寸和功能做出安排的问题，各种空间问题实际上都存在多种解决方法，但归纳起来基本上有四个组织排序系统，即线性结构、轴心结构、放射状结构和格栅形结构，它们构成了单元房或大型建筑项目的空间规划基础（图2-9）。

①线性结构。是把建筑空间中的单元房间或其他物体沿着一条线进行布置，一般是一条通道，它可能是笔直的，也可能是曲线形的；或者是一系列的分隔区间，各自都按一定的角度排列。建筑空间中沿着通道排列的房间或家具虽然可能在形状或尺寸大小方面有所不同，但它们都相连于通道，就呈现出线性布置结构。

②轴心结构。当出现两个或两个以上主要的线性结构，而且它们以一定的角度交叉时，如相互交叉的大街马路，空间的组合形式即成为轴心结构。轴线之间可以从不同的角度交叉，在其两端常常设有主要的终端空间，例如在通行过道两

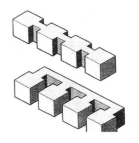

a. 线性结构直接的或一般方式的连接

b. 轴心结构沿中心空间或走廊分布

c. 放射状结构有一个共同的中心

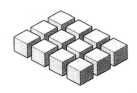

d. 格栅形结构单元系统的重复

图2-9

端或另一条轴线终端的大房间或主入口，空间的一条轴线本身也可能是设计的一个重点。

③放射状结构。放射状结构的布局有一个中心方位，空间和通行走道从该中心向外伸展。房间可能围绕一个中央花园或入口门厅或几条走廊呈放射状展开的中央空间。放射状结构多半为较正式的布局，其重点是在中央空间，但这类布局也可能是不规则的、形式松散的结构。对于商业空间，其建筑法规可能会要求走廊的终端为出口，除非它们未超过所规定的最长的终端的距离长度。

④格栅形结构。格栅形结构把同样的空间组织在一起，一般由环流路线所框定。餐馆里的各张餐桌之间留有供通行的空间，是格栅形布局的一个典型例子。格栅形结构的尺寸大小不一，两组线条（环流通道）交叉的角度也不同，由此可确定并突出某一特别的区域。但是如果这一结构

图2-10

图2-11

采用得过于频繁或用于不合适的场所的话，可能会显得相当混乱或单调乏味。

（4）空间的分隔

建筑本身是一种"隔"（与外界相隔，与自然界相隔）。很早以前的建筑就体现了这种独特的自然观，即人与自然的和谐，讲究"天人合一""天地为序"。人们建造房子与自然相隔，并不是隔绝自然，而是以此与大自然之间保持一定的距离，达到功用的目的。中国古建筑学中隔与通是辩证的，追求隔中有通，通中之隔，以达隔而通。中国建筑对于"隔"与"通"的体现，集中表现在园林艺术上。园林学家陈从周先生概括治园之道说："园必隔，水必曲。"园中之花墙、假山、漏窗、亭榭、竹树都是隔的条件，不隔不成园；有了隔，就有了层次，才会形成园中园、景中景、园外园、景外景。治园要做到大而不显其大，小而不显其小。要达到这个境界，唯一的办法是"隔"。大的园林一经隔离，制约了视野，感觉精小；小的园林一经隔离，增加变化，感觉景致无穷。室内设计也是同样的道理，隔的目的在于增加空间的层次变化。

由于隔的方式不同和应用的物质材料不同，由此而产生形态繁多的空间分隔。室内环境设计的空间分隔，可以归纳为下列几种手法：

①垂直分隔空间层次。垂直型分隔空间的方式，通常是利用建筑物的构件、装修、家具、灯具、布幔、屏风以及绿化花格等将室内空间做竖向分隔。

a. 装饰列柱、墙面分隔空间。这与建筑设计中承重结构的柱子、墙面不同，它只是为了满足特定空间的要求而虚设的（图2-10）。

b. 装修分隔空间。装修分隔空间，通常是指固定的装饰屏风或博古架隔断，以及活动折叠隔断等（图2-11）。

c. 软隔断分隔空间。所谓软隔断，就是用织物、布幔、垂帘等进行空间分隔，通常用于住宅内主人的学习与睡眠之间、工作室等与起居室之间的分隔（图2-12）。

d. 景观小品分隔空间。景观小品分隔空间的方法是通过喷泉、水池、花架等建筑小品，对室内空间进行划分，它不但有保持大空间的特点，而且流动的水和绿色花架增加了室内空间的自然

图 2-12

图 2-13

气氛（图 2-13）。

　　e. 灯具分隔空间。利用灯具的布置对室内空间进行分区，是室内环境设计的常用手法。室内有公共活动空间和休息空间时，灯具常常与家具陈设相配合，布置相应的光照以分隔空间（图 2-14）。

　　f. 家具分隔空间。家具是室内空间分隔的主要角色之一。常用的家具隔断包括橱柜、桌椅、书柜等，如果处理得好，可以使空间变大，大空间分成许多小空间。现代化的大空间办公室（图 2-15），常常由若干组办公小空间组成。

　　②水平分隔空间层次。水平分隔空间是将室内空间的高度做种种分隔，利用地台、天棚、挑台、阶梯等，对室内空间做水平方向的分隔。现代多维式建筑（跃式建筑）的空间设计，便是利用空间的变体分隔，增加了建筑面积，降低了建筑成本。

　　a. 地台分隔空间。在家庭住宅设计中，为了增加住宅空间的层次感，或者为了增加储藏功能，可造一个地台，既可作为储藏空间，又能增加住宅空间的层次（图 2-16）。

图 2-14

图 2-15

图 2-16

图 2-17

b. 天棚装饰分隔空间。天棚装饰就是通过天棚的装饰变化,形成分隔空间,它是现代室内设计的重要内容之一。天棚装饰中天顶的面积大小、上下高低、凹凸曲折等形态是按功能需要做种种处理的,其形式多样。无论是公共建筑还是住宅,为了增加环境气氛,丰富空间环境的变化,均常采用这种手法(图 2-17)。

c. 夹层分隔空间。在公共建筑的室内空间,尤其是商业建筑的部分营业厅和图书馆常带有辅助书库的阅览室,将辅助书库做成夹层,增加空间的使用面积(图 2-18)。

d. 挑台分隔空间。公共建筑的室内空间,特别是观演建筑,其层次较高,而其底层的进厅设计往往采用挑台将部分空间分隔成上、下两个层

图 2-18

图 2-19

图 2-20

图 2-21

次，以增强视觉空间的造型效果（图 2-19）。

e. 看台分隔空间。看台分隔空间一般在观演类建筑的大空间中应用较多，它从观众厅的侧墙和后墙面延伸出来，把高大的空间分隔成有楼、座、看台的复合空间，如体育场的看台。大型的复合空间有三层看台，如大礼堂会场构成丰富的空间变化（图 2-20）。

f. 升降层次的分隔空间。升降层次划分空间，就是将室内的地面标高用台阶的方式以局部提高或局部下降。升降层次的分隔空间方法，通常以升高层用得较多，通过突出地面，暗示出两个空间区域。常见于学校建筑的三层形阶梯教室和跳舞厅的舞池和茶座，还有在通道或楼梯的出入口处，为了满足横梁的净空要求，由内向外时，也常采用降低层高的处理方式（图 2-21）。

上述两类室内空间分隔方式只是常见的基本手法，实际生活中空间分隔的形式繁多。空间的分隔划分是大、是小，是高、是低，都必须取决于环境功能的要求。设计师可随空间的具体条件和功能要求做出不同的构思和选择。

2.1.2 形态

形态一词指的是一个物体的可测定、可识别的轮廓，是整体形式中以线形为主要符号来表现的语言，并且常常与其"外廓"联系起来。从室内的观点来说，从天花板的造型到墙壁的装饰，从家具的形式到整个空间等都属于形态研究的范畴。它有自然的，也有人为的；既可以是平面的，也可以是立体的。可以说，一切通过视觉而感知的形象，都属于形态范畴。形态主要包括自然形态和人工形态两种基本形式。

（1）自然形态

自然形态是指大自然中所产生的一切可视或可触的形态，它包括了花、草、树木、石、水、鱼、鸟、虫、贝壳等及人在内的自然物质世界。事实上，视觉艺术和设计艺术的实践充分表明，自然物象与自然景观无疑是创造性设计活动的不竭源泉，是激发创造灵感的动机之一，是获得创造动力的启示之一，是形成设计艺术风格、设计语言形式的文本之一。同时，设计创造中的自然又以多种超越自然的方式呈现，使意象与形式更为纯粹与多样。海螺在以对数螺旋为主旋律的基础上发生变化，因为它简洁有力地揭示了自然界中海螺形态的多样性（图2-22）。海螺在生长过程中都会发生形态变化，这种形态上的变化可以"准确地"按照对数螺线模型给我们更多的启示，如人类建筑中的旋转楼梯、宝塔等。

（2）人工形态

人工形态则被认为是人类在发展过程中，有意识地造物和造型所产生的物化成果。人类制造的第一件旧石器已有了"人造"的因素，但这种制造主要是利用石块的碰撞、摔砸，在产生的各种形状的石片、石块中选择有用的作为工具。而一旦石片或石块被选择作为工具，人们就会将其保存起来多次使用，这样的造物行为，严格地说还不具备"预先设想"的性质。但碰撞、摔砸选择又是大多数动物所不具备的，这大概就是人类

图2-22

最早的造物行为。由于人类的生存需要，我们今天又创造了各种各样的室内空间形式、装饰工艺品及建筑等，含有合理的、功能的、功效的人为形态。

以上两类形态均是设计者需要研究的对象，自然形态的丰富与美好，可以激发设计的美感和想象。人工形态的理性化，不仅具有使用功能，同时还给我们新的视觉感受。

人工形态有如下几种类型：

①几何形。所谓的几何形，是指应用圆规、尺子等工具所作的规则形（图2-23）。制作非常方便，也容易再复制。愈简单而规则的形，愈容易被人们识别、理解和记忆。以几何学法则构成的图形简洁明快，具有数理秩序与机械的冷感性格，体现一种理性的特征。

造型艺术中最基本的元素是由三角形、圆形和弓形构成的。

几何形属于抽象形。几何抽象造型在室内环境中的表现，因其简洁明快，与快节奏的时代生活相适应，并给人以无限的遐想，因此，几何造型艺术必将越来越受到人们的欢迎。

②长方形。室内环境中，大部分的空间形式都是以长方形为主。如果我们细心观察一下建筑的形式则不难看出，无论是居住空间还是公共空间，包括各种各样的家具（图2-24），如床、桌子、椅子、橱柜、衣柜等，甚至连电器产品如电视机、音响设备等也都是长方形居多。因此，我们的设计也应该按照以下原则进行设计：

a．从技术层面上来看，对于设计师、建筑师来说，直线的图形更容易表达。

b．从施工的角度来说，它们也比较容易加工制作，这样简单的形态还利于大型工程的运输和安装，可以大大降低成本。

c．从人们心理上来说，这样的形式相对稳定、清晰、明快、朴实。形态的重复组合还会给人一种节奏感。但是长方形有时候又给人以机械、单调、呆板的感觉。因此在设计运用的时候，如果根据其尺寸的大小、摆放的位置、色彩的选择以及结构特征进行适当变化，也可以产生截然不同的效果。

图2-23

图2-24

③圆形、圆环形和球形。圆形有以下特征：它们是大自然中最为保守的，也是最经济的形态，这类形态用最少的表面包围了最大的面积或体积，同时又能有力地防止各种形式的破坏、损毁。

圆环形和圆球形与方形及立方体一样，有严格确定的形状，但看上去并非静止不变，这或许是因为它们令我们在潜意识中想起球和轮子的滚动；圆环形和圆球形呈现一种特别的和谐统一，因为其表面和边缘上的任何一点和其中心点都会形成一个自然的聚焦点（图2-25）。

在我们的居室中，圆形和球形最常见于盘、碟、碗和花瓶、灯罩或枕头，以及一些桌子、椅子和凳子等。它们也构成许多织物、墙纸及地板上的基本图形花纹。

④有机形。有机形表现着自然界有机体中存在的一种生气勃勃的旺盛生命力，具有流动而有弹性的特征，形态中所蕴含的内在层面、结构变异、形式要素成为观察、解析与表达的重点。在自然物象内部常常隐藏着不同的外表形式表现，通过剖析可以发现意想不到的效果。如图2-26，从各种海螺的物象形态中可以看到图案的雏形，这一方式可能使一个处于常态之中的自然形态产生更多可变的有机形态。我们应该通过这些有机形以视觉的方式表现自然中的气韵、意向、幻象、文脉、符号、隐喻、语义等，如何将自然中的有机形态升华为一种自觉的视觉形象并使我们产生兴奋感，是我们需要研究的重要设计元素。

⑤偶然形。偶然形是以自由和想象结合的构形方式，有多变的随机性和偶发性。在构成的过程中由于受到某种事件的触发，或受到经验记忆联想的感悟，而充分展开富有激情的想象，进行自由构形。

如徒手随意地描绘、书写的自然笔势，这些

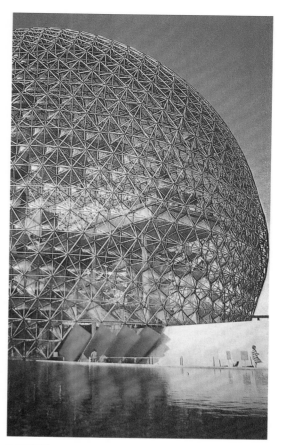

图2-25

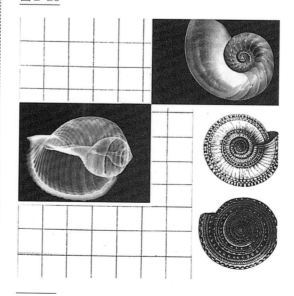

图2-26

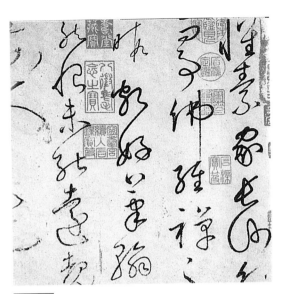

图2-27

图2-28

自动偶发的形态再进行即兴式的随形构成，不断发展新的构成意念，设计者通过这种方式来捕捉人的生活体验和视觉经验，在直观操作过程中，使物我相互交融，不断生成新的机遇和思路，追求一种具有更大自由空间的生气勃勃的图形世界，以意象方式将情感、精神、个性感受等赋予写意式的表现（图2-27）。

⑥曲线形。曲线形把连续性和变化无常这两个方面紧密结合在一起。曲线使我们想起花朵、树木、云彩和人类自己的躯体。大型的曲线形结构，诸如环形的房间、拱形结构的屋顶和S形的楼梯（图2-28）等。曲线形图案似乎尤为适合织物，尤其是那些用于悬挂的织物，因为起伏蜿蜒的曲线形正好增强了窗帘等悬挂物的质感。

2.1.3 线条和肌理

（1）线条

康定斯基于1926年出版了专著《点·线·面——抽象艺术的基础》。在书中，他主张应以点、线、面、色来体现艺术的内在需要，表现艺术家的主观情感。其中着重论述了作为抽象艺术语言要素之一的"线"的内在价值。关于"线"的产生，康定斯基指出："在几何学上，线是一个看不见的实体，它是点在移动中留下的轨迹。因而它是由运动产生的，的确它是由破坏点最终的静止状态而产生的。线因此是与基本的绘画元素——点相对的结果，严格地说，它可以称作第二元素。"他从纯粹理性的角度，并以张力与方向的方式分析了几何学中直线的基本类型与性质。

线是由点运动形成的，运动成为线的重要特征。例如天空中的流星，在运动的时候我们可以看到一条白色优美的弧线，与夜色形成鲜明的对比。

几何学概念中的线有长度、方向和位置，没有宽度，而作为设计和视觉要素中可见的线，不仅与几何学概念中的线一样有长度、方向和位置，而且有一定的宽度、动态和情感概念。

从理论上来说，一根线条只有一个维度，但在实际上，根据其相关的特征，线条可以比较厚，也可以相当薄，同时它依然保持其基本的长度特征。在室内设计中，线条一词经常被用来描绘一个形状或空间的轮廓（边的方位，平面相交之处，或色彩、材料的变化等），或主要的方向，如家具或天花板造型令人有一种悦目的"线条"感。

线条经常被用来描绘男性或女性的特征，或精确细密，或自由流畅等，这一切都有赖于其长度、宽度、方向、角度或与曲线结合的度数等因素。

①竖线条蕴含着一种对地球引力的稳定的抵制，似乎给空间增添了尊严和正式性。如果有相当高度的话，竖线条会激起人们的渴望和奋发向上的情感。如图2-29中，高高的立柱、高高的墙壁、门、窗和直立家具的摆放给人一种崇高和放心的感觉。

②水平线往往表示的是宁静、放松和随意感，尤其在有相当的长度时更是如此。较短的、不连接的水平线即成为一系列的短划线。如图2-30所示的较低的宽阔的天花板、展开的家具给人一种随意舒畅的感觉。

③对角线、斜线相对来说更有活力，因为其显示的是运动和动态特征，能较长且顺利地从对角穿越空间；向上弯的大曲线呈振奋向上的形态，有鼓舞激励人的含义。如图2-31所示，倾斜的天花板、倾斜的墙体和家具布置体现的是一种以活动为中心的环境。

④曲线往往与温柔和放松联系在一起，又可以表示一系列的情感色彩，不过，它们也可能传递坚实稳固以及和大地接近的意思；而细的曲线可显示幽默、滑稽和玩笑的意味。如图2-32所

图2-29

图2-30

图2-31

图 2-32

图 2-33

示，旋转的曲线给人以优美的节奏感和秩序美。

从室内设计的角度出发，线条在室内环境中无所不在，只要是有形的事物，就有线条的存在。例如，家具的外形就是线的形式，天花板的造型也可以用线来分析，墙面的造型实际上也是线的构成。同时，线条也给我们带来视觉和心灵感受。

（2）肌理

什么是肌理？肌理是指物体表面的质感纹理，它存在于所有物体的表面，也是具有表现力的造型要素。因此，所有物体表面均有材质肌理，肌理给人以视觉及触觉感受：干湿、粗糙、细滑、软硬，有纹理与无纹理，有规律与无规律，有光泽和无光泽等。大自然中充满着各种材质肌理，这些不同材质肌理的物质，可由建筑师或室内陈设设计师选择，以适应特殊环境的特定要求。如平淡派主张不要装饰，但在作品中却大

量地选用材质肌理的对比变化来丰富室内空间层次，产生出较高的艺术品位。

现代人在自然物象中不断感知无穷无尽的天然肌理美，感受不断涌现的新型材料的人工肌理美，因而对肌理美的感知越来越敏锐。在对自然的观察中，树皮的粗糙、镜面的光洁、草地的柔润、山岩的坚固、水的透明……这些切身感受被储存于我们的经验记忆中，同时又被创造性地应用在我们的设计中。

肌理的有效性是形态、色彩和其他所呈现的肌理关系的产物。在室内设计中，肌理在引起人们的兴趣、使品种丰富以及提供需要的感官刺激方面，起着极为重要的作用。

肌理感觉从好几个方面影响着我们。首先，它对我们触摸感受的一切形成一种具体的印象。比如，室内装饰的纤维织物如果表面很粗糙的话（图 2-33），就会有不同的视觉效果；如果过

于光滑，看上去就会显得滑溜溜的，令人有冷涩感。肌理还影响光的反射和色彩的呈现，表面极为光滑的材料，如抛光的金属或玻璃——反射的光极为明亮鲜艳，吸引人的注意力。

肌理还可以通过物体表面打上去的光产生突出或淡化的感觉，强光从一个角度照射物体可以使物体的表面肌理凸显，而散光使得表面的粗糙有所减轻。坚硬且光滑的表面会对声音做出回响，如增大音量，而柔软的、有孔的表面则会吸收声音。表面光亮的金属和玻璃清洁起来非常方便，而表面粗糙的，如破瓦或有厚厚的绒面的地毯，沾上污垢要消除就困难多了。肌理，也是特征体现的根源。如果在室内设计中将肌理进行有效的组织和重复，可形成一种装饰和美化的效果。

2.1.4 采光与照明

采光自古以来是设计师必须重视的问题。许多设计大师都以其在采光问题上的独特贡献而闻名于世。如法国的勒·柯布西耶，他不仅对现代主义语言探索极广，而且对光的理论研究与应用做出了突出的贡献。如图 2-34 是柯布西耶晚年设计的朗香教堂，独具匠心的采光效果，使室内神秘莫测，创造了一种使人一见难忘的境界。

在室内环境中，运用光影妆点环境已屡见不鲜。但能够恰到好处地运用光影却非易事。一般要密切结合形体和光源，对主次、强弱、聚散的光源合理布局，及对色光巧妙运用等，才能达到理想的陈设效果。

（1）光的来源与意义

人们对周围事物的感知大部分都建立在视觉基础上，而光则是产生这一感知的唯一媒介。光线是来源于太阳或其他天体、火焰及人工光源

图 2-34

（电）的一种电磁波。它的波长范围很广，当波长过长（红外光区）或过短（紫外光区）时，人的肉眼就无法看见。

从纯粹的物理意义来讲，光是所有形式的辐射能量，这是一种广义的理解。而通常人们却是把对光的感觉即光刺激眼睛所引起的感觉叫作光，或更通俗一点，并不是所有的辐射都能引起人们对光的感知，在很多情况下，人们所说的"光"或"亮"指的是能够为人眼所感觉到的那一小段，其波长范围是 380~780 nm。长于 780 nm 的红外线以及短于 380 nm 的紫外线等都不能为人眼所感受，因此就不属于"光"的范畴了。

光不仅能满足人的生理需求，而且是重要的空间造型艺术媒介。同样，人工照明也不是单纯的物理问题，与自然采光一样，它对室内空间的艺术效果影响极大。对室内光环境质量的设计，包含应予以解决的功能问题，以及与室内的色彩、气氛协调问题。因此，光是室内设计中最为关键的基本要素，室内空间如果没有光，就没有任何景象。

（2）光的照度、光色、亮度

①照度。光源落在单位被照面上的光通量叫作照度，它是用来衡量被照面被照射强度的一个基本光度，即被照面的光通量密度，照度单位是勒克斯（lx），光源的发光效率单位为流明/瓦特（lm/w）。

②光色。光色主要取决于光源的色温，并影响室内的气氛。暖色（低色温）光源产生的照明可使人感觉温暖，冷色（高色温）光源产生的照明则使人感觉凉爽。光的色温应与照度相适应，即随着照度增加，色温也应相应提高。否则，在低色温、高照度下，会使人感到酷热；而在高色温、低照度下会使人感到阴森。通常物体在色温较高的自然光线下显示出的色彩较自然、真实，而在灯光下由于色温的变化，会显示出不同的色彩。

③亮度。室内环境各表面的亮度决定了整个空间光环境的质量和效果。同样的照度，由于各表面的反射比率不同，所形成的光环境也就不同，进而对人的生理和心理也会产生不同的影响。高亮度的环境给人一种宽敞、明快、清晰的感觉，而低亮度环境则给人一种亲切、神秘、模糊的感觉。因此，设计时要根据环境内容、形式的不同选择相应的亮度。

（3）光的种类和用途

英国建筑师诺尔曼·福斯特说："自然光总是在不停地变化着，这种光可以使建筑富有特征，同时，在空间和光影的相互作用下，我们创造出戏剧性的变化建筑。人工照明不如自然光有时间（的限制）、有活力，但它同样给空间带来生机，而且'人工'的特点是可随人们的意志而变化。通过色彩的强弱调节，创造静止或动态的多种空间环境气氛。"因此，我们要了解光在室内环境设计中的作用。

光的种类有自然光和人工照明。

①自然光。自然光是人们习惯的光源，利用自然光不仅可以节约能源，而且在视觉上更令人感到习惯和舒适（图2-35）。

室内自然采光主要取决于采光部位和进光口的面积大小和布置形式，一般分为侧光、高侧光和顶光三种形式。侧面采光又有单面侧向和双面侧向，侧光可以通过选择良好的朝向和室外景观来获取，其使用维护也方便；高侧光照度比较均匀；顶光的照度分布均匀。利用顶光，可留出较多的墙面来布置家具陈设。顶部采光常用于大厅、展览馆、商场的采光。顶光虽分布均匀，影响室内照度的因素较少，但在管理和维修方面有一定困难。

建筑物的朝向对自然光影响很大，朝阳的与背阳的房间照度相差较远，面向太阳的窗户接受的光线要比其他方向多得多，照度也高。窗户采用玻璃材料的投射系数对室内的采光效果也会产生影响，自然采光一般采取遮阳措施，以调节室内产生的光线，垂直百叶和浅色窗幔也可以使室内产生漫射光，光线柔和。

从光的强弱来分，光大致可分为两类：方向性强的光（如直射日光、闪光灯、白炽灯等的光），漫射性强的光（如来自天空的光、来自室内各表面的反射光等）。直射日光可以提供充足的光量，但方向性非常强，一天之中变化也非常大。一般来说，方向性强的光与漫射性强的光是并存的，由其光量的多少来变换物体的可见度及空间气氛。方向性强的光会造成明显的阴影，显示出物体的凹凸感，给予人稳固的感觉；而漫射性强的光则给人柔软的感觉，使物体看起来比较

图 2-35

图 2-36

平，深度感不强。

与直射光相比，漫射性强的光其亮度的变化小，随着季节、气候、时刻（太阳高度）的变化而变化。

②人工照明。人工照明对我们的生活来说是不可缺少的（图 2-36）。它与太阳光不同，人工照明可以比较自由地调整光的方向及颜色，还可以按照室内的用途和特殊需求进行光的设置。照明效果的变化大多是根据灯具的配光（表示某种方向上发出的某种数量的光）特性而变化（图 2-37）。一般来说，间接照明效果不好，但可以提供柔和的光线。人工照明作为室内设计的重要组成部分，已不再是以有充足的光线为唯一目的，而是以满足人们的生理和心理需求，融实用性与审美性于一身为最高追求。多光源逐渐取代单光源，人造光逐渐取代自然光，光的功能更趋

多元化，成为当今室内照明的主要特征。因此，人工照明的好坏，直接影响着室内设计的总体效果，影响着人们对室内环境的总体感受。人工照明效果与灯泡的类型、灯具的种类、照明方式等有着直接关系。

①照明灯泡类型与特点。

a. 白炽灯：利用钨丝在真空灯泡内发光的灯

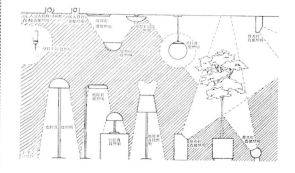

图 2-37

具。发光效率较低，平均使用寿命为 1 000 h。光线呈微黄色，需要辨别颜色的场所不宜使用。

b. 荧光灯：俗称日光灯，水银灯的一种。发光效率高于白炽灯，可连续使用 3 000 h 左右。玻璃管体，光为白色，如日光般光线明亮、柔和，广泛用于工作和生活照明。

c. 紧凑型荧光灯：高效节能灯。它集白炽灯和荧光灯之长，采用稀土三基色荧光粉，光效高（每瓦可达 60 lm，是白炽灯的 5~6 倍），节电显著，布光均匀，光色柔和，寿命长（可达 3 000 h 以上），结构紧凑，既适用于民宅，又适用于公共场所使用。

d. 霓虹灯：一种利用惰性气体放电发光的灯。发光效率不高，使用寿命为 10 000 ~ 20 000 h。形状各异，玻璃管体，可发出红、黄、蓝、绿等彩色光，艳丽夺目，广泛应用于公共场所的装饰照明。

②灯具种类与用途。

a. 落地灯：坐落在地面上的一种高架灯。它主要用于阅读、书写等局部区域照明。

b. 台灯、工作灯：置于书房、办公室、设计室等工作台面，为局部照明用灯。其照明方向、角度、位置可随意调整。

c. 筒灯、鱼眼灯：多镶入棚面，光束局部射出。可单独做主体照明，也可与主体灯具配合，作为装饰照明。

d. 吸顶灯、吊灯：固定于天花板，用作主体照明，光线均匀，光照面积大。

e. 壁灯：固定于墙壁，做局部照明，也兼做装饰照明。

f. 射灯、轨道射灯：用于局部追光照明，光束集中，投射形象清晰、突出。

图2-38

③灯具照明方式。

a.直接照明：灯具吊于天花板，上加不透明灯罩，灯泡直接暴露，光束全部向下射出。光照不很均匀，室内有强弱光线区域。

b.半直接照明：灯具吊于天花板，上部分透明灯罩，灯泡暴露。有60%~90%的光束向下投射，余光透过灯罩向上部及左右空间照射，光线均匀统一。

c.间接照明：灯具吊于天花板，灯具发光正面被遮受阻，光束反射向上部，再从四周折射下来，光线柔和统一。

d.半间接照明：灯具吊于天花板，发光正面部分受阻，光束大部分射向上部及周围墙体，少部分透射到其他方向。光度相对减弱，光照区域内光线基本均匀。

e.漫反射照明：灯具吊于天花板，上加半透明封闭灯罩，使光束不直接放射，而是均匀地折射出来，漫洒向空间，光线散漫、柔和。

④室内照明方式。

a.主体照明（也称中心照明）：室内主体灯具是主要照明来源，它能满足人们在室内从事各种活动的照度需求（图2-38）。

b.局部照明：室内某一灯具做局部空间定向照明，它能满足区域空间特殊物品的照度需求（图2-39）。

c.装饰照明：室内为丰富主体照明光线层次而设的辅助照明，它只是为了烘托、渲染室内气氛，不含有主体照明的采光功能（图2-40）。

d.立体照明：兼用主体照明、局部照明和装饰照明手段，在室内做全方位照明，光线形成交相辉映的立体效果，光调丰富，多彩多姿（图2-41）。

图2-39

图2-40

图2-41

⑤照明设计要点。

a. 根据房间的功能确定明度标准，以保证人们在室内正常活动的适度光照需求。

b. 根据室内的总体风格，选择照明的分布特点，有助于强化室内色彩、光线等装饰效果。

c. 根据照明光源的光效及颜色质量，选择照明种类，以获得不同表现效果。

d. 根据照明光源的高度，合理定位，以获得最佳照明质量。

e. 根据灯具投影形象，选择照明形态，以丰富室内空间感。

f. 根据房间的功能，合理选择灯具样式。

g. 要注意节能，合理布光。

h. 照明线路设置要安全可靠。

i. 灯具开关、插座位置要符合人体工学规律、居室特点。

j. 要注意维修、更换、除尘的方便。

2.1.5 材料

现代室内环境设计中，对材料的选择和应用是很重要的环节。几乎生活中的各种物质材料都能应用于室内装饰，从最原始的石、木到现代的各种元素构成的复合材料都被大量使用。那么，室内装饰材料的定义是什么呢？

所谓室内装饰材料，从广义上讲，是指能构成建筑内部空间（即室内环境）的各种要素、部件和各种材料。简而言之，在室内环境中我们所能见到的物体都可以称为室内装饰材料。

由于室内空间主要是由地面、墙面和顶棚三大空间界面所构成的，所以，从某种意义上讲，室内装饰材料的设计主要指这三大空间界面的各种材料的设计。

（1）材料的意义与作用

材料是构成设计本体不可缺少的实体，也是表现设计意图不可或缺的基本条件。从室内设计角度来看，没有材料，设计只能是空中楼阁、纸上谈兵。如果滥用或使用材料不当，也将失去设计的生命。因此，设计材料的合理使用对于设计有着极其重要的意义。事实上，任何材料都具有特别属性和潜能，同时又具有一定的局限性。只有正确地把握材料的特性，才能创造出完美的室内空间功能与形式；否则，只能是浪费材料，浪费自然资源，污染环境而已。

室内装饰材料因其依附于室内空间的界面，而纵观室内空间其实质是由天、地、墙三大界面所构成的，所以，材料的设计和应用，实质上也是这三大界面表面材料的功能性需求配置和相关的装饰性的设计表现。

美国建筑大师赖特曾经在他的理论中再三强调，"尊重材料本质"是设计哲学的根本基础。丹麦设计师卡雷·克林特也明确指出："用正确的方法去处理正确的材料，才能以率真和美的方式去解决人类的需要。"

材料对于设计师来说，既可以利用它创造出美好的环境，同时还可以起到限制设计的作用。限制是因为没有什么材料是可以违反其本质而被强制成特别的形状的。材料还给设计带来创造灵感，这种灵感则是因为对某些材料的特定固有材质的理解而给了设计师创新的自由。它意味着对使用的材料的内在特质的如实利用和真实表达。如图 2-42 所示的椅子，塑料的发明给设计师带来了更多的创新可能。意大利设计师们有效地利用塑料来取代其他具有完全不同材质的材料。聚乙烯代替了织品、皮革、泥土和大理石，被用作墙的贴面和地板、

图2-42

图2-43

室内装饰和橱柜面板。尽管这样的替代材料更为经久耐用，而且便于维护保养，但是它们缺少天然材料所拥有的温度感、触摸感和气味等。如图2-43所示，天然大理石的自然纹理和它的色彩给人以亲切、温馨感。

（2）材料分类

室内装饰材料，可按其生产流通、销售分类，也可按其本身的物理特性进行分类，如光学材料（透光或不透光）、声学材料（吸声、反射、隔声）、热工材料（保温、隔热），还可分为自然材料和人工材料等。本书对材料的分类，主要是依据构成室内空间的天、地、墙主要材料及室内可视物的设计和实际使用来分的，主要分为：内装饰材料（地面、墙面、天棚装饰材料）、家具、卫浴厨器具、照明器具、视听装置、门窗及五金配件、室内附属设备（卧具织品、绿化）。

（3）材料的功能性

在室内环境材料的设计中，材料所具有的功能性往往是由其材料的各种元素结构和物理特性

决定的。由于各种材料的化学和物理元素构成不同，其使用的功能和范围也就会不同。如壁纸类就不可用于厨房、厕所等场所，而木质地板更不适用于卫生间，因此，在设计材料时，一定要考虑到各种材料的防水、防滑、隔热阻燃、隔音吸声等不同的使用功能。如图2-44所示，卫生间的镜子不仅可以起到化妆的作用，还有扩大空间的功效。

①材料的视觉特性。装饰材料的形状、大小、表面的肌理效果等都能通过人的视觉神经传递到人的大脑，使人产生感情和心理上的反馈，这就是材料的视觉特性。如粗糙的毛石（图2-45）、天然的木竹都会给人一种原始古朴自然的视觉效果。而在空间不大的卫生间地面铺设小形状的地面材料，也能制造拓展空间的视觉效果。

②材料的物理特性。在材料设计中，有时针对室内局部的设计缺陷和不足，相应地采用某类材料去弥补，就是利用材料的物理性能。因此，对材料的三大物理特性（光学特性、声学特性、热工特性）和隔音、隔热、辐射、透光等指标的掌握，是材料设计中十分重要的一环。如光学材

图 2-44

图 2-45

料设计中，为消除眩光，可利用磨砂玻璃、乳白玻璃和光学格栅形成透射或漫反射，使光能均匀分布。石头肌理的起伏变化，在录音室里可以减少声音的反射产生的回音，使录音效果更好（图2-46）。

（4）材料的美感作用

室内空间的环境气氛和情调，很大部分取决于材料本身的色彩、图案和式样、材质和肌理纹样，这些因素很多都是在自然生长和生产的过程中就已形成，关键在于设计中如何选择。如木质材料的天然色彩和自然纹理能给人亲切自然和温

暖感；玻璃材质给人以晶莹光泽感；色彩淡雅、图案柔和的大理石有高雅之感（图2-47）；不锈钢有一种现代气息，而钛合金的金属味有豪华感。这些都是材料的美感作用。

（5）材料的质感

一个具体的环境，是供人们生活、工作、休息的场所。构成室内空间的装饰材料，人们有意或无意通过身体各部分的感觉器官对装饰材料进行接触（触觉、视觉、嗅觉等）。接触不同的材料会引起人们生理和心理的不同反应，这就是材料的感觉效应。如沙发椅的皮质与人接触的舒适

图 2-46

图 2-47

感是不言而喻的（图2-48）。

材料从弹性分有硬和柔软之分；从表面滑度分有光滑和粗糙之别；从光泽度上分有哑光和亮光之分；从导热性上分有温暖和寒冷感的区别；从吸湿性分有干燥和潮湿等性能。材料的轻与重的材质感为设计提供了创新依据。

①软与硬。

室内空间的材质质感犹如色彩，同样能给人以某种感情和意识。我们看到各类纺织饰品如地毯等会有一种柔软、舒适、细滑的感觉，由此会联想到温柔、飘逸。

而看到混凝土、金属等材料时，会感到一种坚硬、锐利、冷静感。在设计中利用材料的硬与软这一感觉特性，有利于传达设计理念。卧室的织物以柔软、温暖的材料构成，会给人亲切和安静的感觉（图2-49）。

②轻与重。

材料的轻与重也是由我们的视觉引起的一种心理反应，并非指材料本身物理量的轻重。这种轻重感往往与材料本身的色彩深浅，表面的光滑平整与粗糙，光透视感的强弱等因素有关。材料表面明度高的使人感觉轻，反之则重；表面平整光滑、光泽感强的使人感觉轻，而那些表面凹凸粗糙、光透感弱的则令人感觉沉重。在材料的设计中利用轻与重的特性，会收到很好的效果。因此，从表面材料的轻重感出发来进行室内材料设计就会产生不同的环境感受。如按地面、墙面至顶棚的顺序设计由重到轻的材料，即可构成轻盈而稳定的环境效果；反之，就会形成一个厚重的具有压迫感的室内环境。通常，公共室内环境多用重质感的材料来统一设计，而个人环境多用具有缓和亲切感的轻感材料来设计。

实际上，设计材料学是一门范围广而又难以精通的学问。一方面，自然材料种类繁多，人

图2-48

图2-49

工材料又日新月异；另一方面，材料的结构高深莫测，材料的处理又变化多样。因此，作为设计师，必须对材料有一个基本的了解和认识，不断掌握材料的基础知识，提高材料的应用能力。

2.1.6 色彩

什么是色彩？它在室内环境设计中有什么影响？什么样的色彩配在一起好看，即色彩的和谐，以及色彩如何在精神上，甚至生理上对我们产生影响？事实上，色彩一直被用来安慰我们、激励我们，甚至成为我们的某种人生标记。

长期以来，色彩被公认为是室内设计的基本要素，它能使人们感觉愉悦或不适。正确运用色彩对于设计的成功起着举足轻重的作用。诸如"功能型色彩"和"色彩调节作用"之类的说法就体现出色彩的应用在商业领域中越来越普遍。据心理学家的研究分析，在用不同色彩装饰的房间里对儿童进行同样的智商测试，结果显示：在"漂亮"（即色彩明亮）的房间要比在"难看"（即色彩为黑色、棕色或白色）的房间里测试结果高。

在我们的住宅中，色彩也有诸如此类的魔力，它可以使人精神大振，使人的心情舒畅。运用偏淡色或适当的对比色，可以明显增强房间的视觉空间感。通过色彩的使用，可以使一些家具的特质得以凸显，或者使所有家具之间达到协调统一的效果。总而言之，色彩可以在很大程度上改变外形与空间的视觉效果，改变我们的心情，甚至影响我们的办事效率。

色彩是构成造型艺术设计的重要因素之一。各种物体因吸收和反射光线的程度不同，而呈现出复杂的色彩现象，不同波长的可见光引起人视觉上不同的色彩感觉。如红、橙、黄具有温暖、热烈的感觉，被称为暖色系色彩；青、蓝、绿具有寒冷、沉静的感觉，被称为冷色系色彩。在室内陈设艺术中，可选用各类色调构成，选用不同色相决定其色调（或称基调）。色调有许多种，一般可归纳为同一色调、同类色调、邻近色调、对比色调等。在使用时，可根据环境的不同性能灵活掌握。

一般来说，学校的设计课程被分成两个部分：设计理论和色彩理论。而我们在这里只是简单地对色彩理论进行论述，并把它视为设计实践中所必需的一部分。

（1）光与色彩

光线，是产生色彩的最基本条件，没有光就没有色彩。在漆黑的环境里，是没有任何颜色意识的，就像瞎子没有色彩的概念一样，因为我们所看到的物体的颜色取决于以下三个方面的因素：光源的种类；物体吸收及反射光线的方式；我们的眼睛对改变后的光线之敏感性。当光线照射到一个不透明的物体上时，物体表面会吸收大部分可见光，而将一部分可见光反射出来，反射光线的颜色即是物体的本色。比如说，柠檬黄和黄色的涂料会吸收光线中除了黄色以外几乎所有的颜色。白色物体几乎反射光线中所有的颜色，而黑色物体则几乎吸收所有的颜色。我们说"几乎"是因为很少有完全纯正的颜色。任何一个物体固有的颜色只有在白光下才可见，而事实上，光线本身并不是完全无色的。

如何处理光线和色彩不仅是一门艺术，也是一门科学。作为设计者，不能局限于从美学角度来考虑问题。光线和色彩在人们对环境的生理及心理反应中起着至关重要的作用，甚至还会影响到人们的健康。

如图2-50，白色的光通过三棱镜后被分解（折射）而产生光谱。这种色彩的混合其实是光的产物。当太阳发出的光通过自然界里的"三棱镜"（如当阳光穿过水珠或者尘土颗粒）时，将解体"分解"成不同波长的色光，即产生不同的色带，我们称之为光谱。当它全部反射到天空中时，就出现了彩虹。这种色彩的混合被称为加法混合。大自然创造了色素，赋予物体或物质以色彩。每一个活着的生命都有其内在的色素，绿色植物中有"叶绿素"，胡萝卜中有"胡萝卜素"，北京的香山枫叶在秋天会变红等，而人类体内的"黑色素"则决定了我们皮肤的色彩。这些只是大自然中的一些例子，有的时候大自然因为弄乱了色素的比例，就会产生变种——白老虎、白癜风病。人类很早就制造了色料，给物体的表面上颜色。这些色料被称为颜色，通常从自然物中提炼而出，或者在实验室中人工混合而成。油漆、粉笔、唇膏、蜡笔、眼影等是外部色素的一些例子。这种色彩混合的过程是一种色彩对另一种色彩发挥效力的结果。每一种色彩的精华都被清除或者说被减损了，于是产生了与一种或与两种原色都不同的色彩。这种色素的产生或者说色彩的混合被称为减法混合。

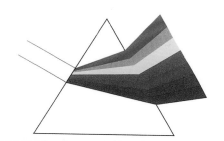

图2-50

（2）色彩基础

世界上有成百上千的色彩，而我们可以一下子看到它们，并能够识别它们，是因为我们有眼睛和大脑对其加以区分。

我们的眼睛里有 6 500 万个锥状体，它们把对各种色彩的感觉吸收并加以分类，把色彩的"信息"传达给大脑。另外还有大约 1 亿个杆状体，对明暗进行吸收分类。它们都是帮助构成眼睛视网膜的感光器。这个"分类"就是我们用锥状体分辨蓝色的海洋、绿色的树、红色的太阳、黄色的花的过程。

如图2-51为色彩加法混合的例子。增加式，即色光的混合。

如图2-52为色彩减法混合的例子。减少式，即色彩的混合。

如果我们了解了这两种色彩混合的方式，再来了解色彩的产生就会容易得多。正如灯光照明是阳光的替代品，计算机、彩色电视机和剧院里的灯用的都是以加法方式产生的色彩。物体表面的着色，通过自然的或者人工合成的色素来完成，所使用的是减法方式产生的色彩。在我们的生活和设计中主要运用的是色彩的减法混合方式，包括我们下面要说的色彩问题。

原色是不能通过其他色彩的混合产生的，但理论上，其他色彩可以通过原色的混合而产生。

在色光混合中，红色、绿色和蓝色是原色，

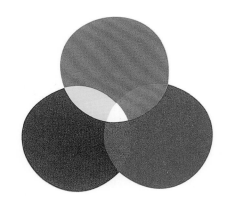

图 2-51

图 2-52

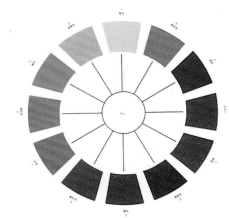

在混合色素中，黄色、绿色和红色是原色，而绿色、紫色和橙色是复色。

图 2-53

黄色、青蓝色和品红色是间色。

在色彩混合中，黄色、蓝色和红色是原色，而绿色、紫色和橙色是间色。

间色是由两种原色混合而来的。

色环是我们对色彩的基本认识图表。它让我们知道了色彩是如何产生的，如何被我们看到的，色彩排列的方法以及基本的色彩。

色环中的色彩在专业上被称为色相。色彩通常是由这些基本色相变化而来的，或来自现实中的色素资源。

（3）色彩的属性

色彩的配色设计应用于居室的装修过程中，为一个或多个房间配色算得上是一个令人开心的环节。使用令人满意而愉悦的色彩并不比使用令人压抑而无个性的色彩成本高。但是色彩并不是单独使用的，因此，我们应该了解一些色彩组合效果，以期取得希望达到的效果。在过去的几年内，色彩之间的系统性关联已被整理成通俗易懂的色彩调和设计方案。这些方案并不是限定色彩，而是给我们提供了一种很有条理的方法来讨论和预测不同色彩组合时可能会发生的现象。

从理论上来说，有无数的色彩调和方案适合室内设计。在标准明度下无法调和的两种色彩，可以通过降低纯度将一种色彩加亮，另一种色彩变暗，使得这两种色彩显得较为和谐。设计中的对色彩的选择，运用一种基本的顺序意识固然可以令人满意；但缺乏新意的、平庸的组合则会令人感到厌烦。

除此之外，色彩选择采用平均化会使之失去和谐感、重心以及平衡感。无彩色可以缓解视觉疲劳，尤其是在看过强烈的色彩后；还可以增加近似明度色彩的对比或和谐程度。如室内装饰品可以扩大色彩配色设计的范围，增加深度和多样性，尤其是那些富有个性的装饰品。

如何辨别我们所看到的所有色彩？

每种色彩都有三种属性：色相，即不同色彩的名称；明度，即色彩的明暗程度；纯度，或叫作彩度，色彩的纯净度或强度。

①色相。

色相是色彩的纯粹状态。纯色相是指没有被改变或转换过的最初状态的色，它是最原始的。

最简单也是大家都熟知的颜料色彩原理：几乎所有运用于表现的色彩都能通过三种颜色——红、黄、蓝混合出来，而红、黄、蓝三色是无法用其他颜色混合出来的，色彩学把这三色称为颜料的三原色。值得注意的是颜料的三原色和色光的三原色光是完全不同的。颜料是一种吸收并反射不同波长光线的颗粒物，人眼的锥状细胞和柱状细胞吸收光线后，将感觉刺激转换成电信号，沿着视神经传达到大脑的视觉中枢，从而产生色彩的感觉。

如果我们把可见光光谱分解的颜色按顺序围成一个圆环，包括红、橙、黄、绿、蓝、紫这些基本色相以及它们之间的颜色，可得到一个十二色相环（图2-53）。这十二色又分为三大类别：

原色，在色相环中标为1，包括红、黄、蓝。

二次色（或称间色），在色相环中标记为2，包括绿、紫、橙，这三种颜色由三原色混合而成，分别位于色相环中两种三原色的中间位置，如绿即处于和蓝与黄等距离的位置。

三次色（或称复色），在色相环中标记为3，包括黄绿、蓝绿、蓝紫、红紫、红橙和黄橙。它们是原色和二次色混合而成的，在色相环中的位置则处于两者之间。如黄绿位于原色黄色和二次色绿色之间。

色相实际一直在变化之中，或者说通过和相邻色相混合后产生新的色相。以红色为例，当它和紫色混合时就变成了红紫。而当紫色的成分增加时，色相又会发生改变。色相环上的十二种颜色只是一个基础，因为事实上有无数种颜色存在。

色相的相互作用将不同色相的色彩互相并置在一起时，会产生从统一直至强烈对比的特种效果。比如蓝色、蓝绿和绿色之间的色相并置，会出现一种统一、平和的序列。但是假如将蓝色置于橙色后，则会出现对比强烈的视觉刺激效果。

类似色相是色相环上相邻的颜色，如黄色、黄绿色和绿色；互补色相是色相环上位置相对的颜色，如黄色和紫色。

a. 类似色设计：类似色设计建立在同色系内两种或两种以上色彩的调和基础上。换句话来说，就是在色相环中90°以内的色彩调和。因此，假如说普遍为蓝色，这些色彩可以是相互之间比较接近的蓝绿、蓝、蓝紫，也可以是相对比较独立的黄绿、蓝、红紫。由于是同色系的色彩，类似设计自然体现出一种统一的效果（图2-54），并且它常常被使用到整个家居设计中。

色相通过混合可以达到任何一种和谐或是对比的效果。假如房间里只用了一种色调，会产生强烈的单调感。当类似色并置时，效果则是一种和谐的排列。而把一些小面积的色彩混合在小范围的图形区时，原来的那些色相便会显示出两色相混合的效果。

b. 互补色设计：使用色相环上截然相反的颜色，如橙色和蓝色，或黄橙色和紫色，叫互补色设计。这种对比可以有多种选择，拿黄色和紫色来说，既可以是光彩夺目的金黄色与茄紫色互补，也可以是温和柔美的象牙色与紫水晶色互补，还可以是朴素庄重的深绿褐色与铁灰色互

图 2-54

图 2-55

补。互补色设计体现了对立平衡（对立的颜色混合在一起会形成无彩色）以及色相的冷暖平衡，如互补色往往比相近的类似色要活泼一些，如图 2-55 所示，红色的椅子和绿色的椅子同时存在于一个空间环境里。当补色并置的时候，如果处理不好，极易产生不安定感，因此必须借助明度和纯度以及面积上的细致处理才能达到美观而又和谐的效果。

色彩的温暖和寒冷感每种颜色都具有，每种颜色都具有"温度"，从几个方面影响到我们以及我们的居家环境。如红色、橙色和黄色给人带来温暖和活力。

②明度。

明度被定义为色彩的明暗程度。或许在无彩色中，明度是最易理解的。它显示了纯白（满光）和纯黑（无光）之间的色彩明暗程度。

色彩的明度即色彩的黑白明度。说某个色彩的明度高是指它更接近于白色，而明度低则是更接近于黑色。

明度同我们看到的色彩上有多少光，或者说光的数量有很大关系。如果绿树和红色的谷仓是在薄暮时分观察到的，光线很少，它们看上去就

是深绿色和深红色。

调颜料时，若要改变色彩的明度，我们可以加入黑色使它更暗，或者加入白色使它更亮。暗一点的色彩，我们把它叫作深色；亮一点的色彩，叫作浅色。

现在，我们知道颜色有深色、次深色、中度色、次中度色，还有浅色之分。我们把淡蓝色叫作"高明度色"。

图 2-56 显示了色彩明度高与低的变化规律。

白色与黑色之间可以有无数明度等级，但是灰度中的 9 个等级是一个比较恰当的划分标准。此时即使我们不考虑色彩的影响，也可以从明度角度来观察一个居家环境的特征。一个几乎全部由明色组成的房间往往显得明亮、轻松而愉快，因此明显有一种令人振奋的效果。但是假如不谨慎处理，全部由明色组成的环境有时也会显得寒冷而严肃。反之，假如处理得当，一个几乎全部由暗色组成的房间也能给人带来一种安全感与可靠感。

如图 2-57 所示，卫生间里明度的强烈对比带来强烈而刺激的视觉效果，使洁具的形状得以凸现。如图 2-58 所示，近似明度的色彩混合在一

图 2-56

起，在明亮灯光下观看，有平和、宁静的感觉。

明度的对比对于区别形状、判断深度以及在平面中发现变化起着至关重要的作用，尤其对婴儿、老人或视力有问题的人来说显得更为重要。当完全处在日光下时，色彩的三个方面都是可以清楚辨识的；但是当光线不足时，明度对比则是

色彩其他对比形式中最为强烈的，它可以使我们感觉到物体的形状，而此时色相对比和纯度对比就不那么明显了。因此从色彩的感知角度来说，明度是最重要的一个色彩特征。

无色设计（或称无彩色设计）就只是运用了色彩的明度变化，不涉及彩度的变化。在装饰物或某些家具中，无彩色设计一般都会用到突出颜色（突出颜色是一种用于突出、强调显示主色，在小范围内使用并与主色形成强烈鲜明对比的色彩。突出颜色常常用来刺激视觉感受，可以使用到任何配色方案中）。虽然只有黑色、白色、灰色是真正的无彩色，但是一些低纯度的暖色（从乳白色到深褐色）在效果上也可以充当无彩色而应用于大部分物体表面和家具上，为了确保达到调和的效果，以上色调对于细微变化的色彩的基本色相认定起着重要作用。比如说，在色相中，灰黄色或本色可以是冷色或暖色，这是在配色方案中必须考虑的问题。

如图 2-59 中的房间采用的即是无色设计，因为它主要采用了无彩色的白色

图 2-57

图 2-58

图 2-59

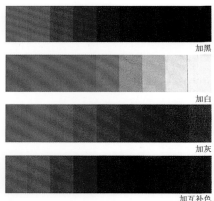

加黑

加白

加灰

加互补色

图 2-60

及灰黄色。尽管看起来变化不大，甚至有些保守，但绝不能说单调乏味。明度的细微变化，给空间环境带来一种宁静、温暖的感觉。

③纯度。

任何色彩在纯净程度或强度上都有所差别，换句话说，纯度和灰色之间差异的程度不同。当某种色彩所含色素的成分为 100% 时，就称为该色相的纯色，在色相环上的即是色彩的纯色。我们经常用色调来表述纯度：清色调色彩明亮，而浊色调色彩灰暗。如图 2-60 显示了色彩的纯度变化规律。

纯度即色彩的亮度或暗度。色彩的亮度或暗度与照射光线的种类，或者说光线的数量有很大关系。在阳光明媚的日子里，所有的色彩都要比在阴暗的天色下明亮很多。我们薄暮时看到的绿色的树与建筑，若是在阴雨的傍晚，就会显得既深且暗。但是说一种色彩是深的并不意味着它也是暗的，同样，浅的色彩并不总是亮的，纯粹状态下的色相是最明亮的，色环上的色彩都是纯色相。

色彩颜料可以通过三种方式降低纯度。

第一种是稀释，比如水彩颜料。在颜料里多加一点水，溶液就会变稀，色彩就会变得不那么亮。这就像把一杯咖啡加水变成两杯一样：咖啡的颜色和味道都会变淡。

第二种降低纯度的方式是加入灰色，即黑与白的混合色。如果加入的是高明度的灰色，色彩就会变得更浅、更暗。

第三种降低纯度的方式是加入对比色。什么是对比色呢？我们再来看看色环。色环上某一色彩正对面的色彩就是它的对比色。对比色是一个很重要的概念，在关于色彩的研究中会被反复提到。

如果我们选择蓝色，它相对的色彩是橙色，橙色就是蓝色的对比色。所以在加黑加白加互补色蓝色颜料中加入一点橙色，就会降低蓝色的明度，使它变暗。

当我们使用对比色将某一色彩的纯度降低到一个点时，两种色彩都不明显；只有介于其中的混合色才是中性色。比如说，蓝色中加入足够的橙色之后，就不再是蓝色，但也不是橙色，它是中性色——棕色，是降低了纯度的橙色。我们晒黑的肤色、棕色或灰褐色等，都是中性色（这些色彩也可能是来自自然界的色素）。

④色彩的冷暖。

色彩还有第四种属性，即色彩的冷暖。

图 2-61

图 2-62

当我们说一个色彩是冷色或暖色时，并不是指它实际的物理特性，而是指它的情感或者说美学特性。但是，在我们实际经历冷与暖的时候，所联想到的色彩会对我们辨别冷暖感有所帮助。热或者暖使我们想起了火焰，或者太阳——红的、黄的、橙色的，但也会想到明亮的蓝色的火苗。这些色彩通常是明亮的，也许会有中度的或者较低的明度。另一方面，冷使我们想起了冰、雪，或者阴暗的，使我们觉得冷的天空。我们联想到的这些色彩通常都是浅色的，也可能是白色的——也许会很暗。

色环上的色彩——从紫红色到红色、橙色、黄色，再到黄绿色，被认为是"暖"的；而从绿色一直到紫色都是"冷"的。

每种色彩都有它自己的冷暖度。蓝色看上去应该是冷的，但有的蓝色看上去却是暖色。视觉上色彩的冷暖程度不仅取决于这一色彩，还取决于它旁边的其他色彩。我们把蓝色放在黄色的旁边，蓝色看上去都会比黄色冷吗？不！如果一种蓝色的明度较低，纯度很高，而一种黄色的明度高到几乎成为白色，那么黄色会显得更冷！

图 2-61 为暖色空间环境，图 2-62 为冷色空间环境。

（4）色彩的相互作用

在我们的生活中绝不可能只看到一种孤立的色彩，它的周围总会有其他色彩存在，所以一种色彩总是与其他色彩相关的。

如图 2-63 所示，强烈的红色与白色光相互影响而产生了丰富的环境效果。也就是说，一种色彩的表现取决于它周围的色彩，同时它们又相互影响。一种非常明亮的蓝色，如果旁边出现了另外一种蓝色，第一种蓝色看上去就会是暗绿色。或者一件红毛衣和红格子裙搭配，这件红毛衣看上去就会是橙的。

"视觉残像"在心理学或色彩咨询方面及我们的生活中经常会发生。例如，我们盯住红色圆圈中间的黑点看 1 min，然后把视线移到白色圆圈上，会看到什么？是不是绿色？我们看到的是刚才盯着的那种色彩的对比色，它常以小的几何图形的形状出现。对于色彩的控制——使用色彩最好的方法就是控制——不仅取决于我们对色彩

图 2-63

图 2-64

图 2-65

的挑选,而且取决于我们如何结合其他的元素去运用它们。

因此我们要很小心地观察色彩之间如何相互作用,我们必须对色彩之间的相互对比效果有所计划:深与浅对比、明与暗对比、暖与冷对比、多与少对比。

深与浅是指色彩明度间的对比,如深红对浅黄(图 2-64)、深红对浅红(也可能是粉红),或深灰对浅红。

明与暗是指色彩纯度间的对比,如暗红对亮红、暗红对亮蓝,或某个较暗的中性色(中性色永远是暗的)对亮红。如图 2-65 所示,深色家具与浅色的墙壁形成的明暗对比恰到好处,显示出整洁的环境。

暖与冷是指暖色与冷色间的对比,如黄色对蓝色、亮蓝对灰浅黄(图 2-66)、亮红对灰浅蓝,或浓浓的粉红对蓝绿。

各种对比有可能组合到一起,如一种深的、亮的、暖的、敏感的红色可以和一种浅的、暗的、冷的、清纯的蓝色相谐调。

多与少是指一种色彩与另一种色彩的比例,通常由一种色彩占主导。有时一种色彩会盖过其他色彩。

(5)色彩的选择与应用

人对色彩的偏好及情感反应因文化、年龄、性别以及心理状态等因素不同而有着很大的差异,对此已有大量的研究证明这一观点的正确性。但是由于众多不确定因素的存在,我们对色彩的印象是相当主观和情绪化的,因此,设计者在进行室内设计的色彩选择时,必须先仔细研究客户对色彩的偏好及情感反应。

在具体选择色彩的过程中,选取面积较大的

图2-66

织布、地毯及墙纸样品有助于客户设想出整体设计效果。涂料店的颜料色谱也许可以用来作为决定天花板和墙面颜色的参照依据。一般来说，我们可以先在大块墙板上试用一下挑选的色彩。在正式刷漆之前先进行试验，并且可在白天和夜晚的不同时段仔细研究，因为它们在不同种类及颜色的光线照射下所呈现的景象是不同的。

室内环境设计的色彩选择中，所使用的任何材料，包括木材、石头、瓷砖及金属等影响因素都应考虑在内，它们可以给空间增添图案样式、质地纹样，或确定其色彩范围。同时，宽敞的窗户为居室内带来了大自然的色彩——蓝色、褐色、绿色，以及随季节而变化的色彩。房间的墙面（包括门、窗框和窗户），它们是室内比较大的色彩区域，其次是地面和天花板，再次为家具，最后才是装饰品。

典型的色彩关系可以分为以下几个方面：

①为了营造一种坚实又不显眼的风格，地面往往使用明度相对低且纯度也低的色彩，这尤其适用于有孩子的家庭。

②墙面色彩的明度往往要比地面的高，以便它们和天花板之间形成过渡，而且作为背景色，其纯度往往接近无彩色。

③天花板的色彩往往具有高明度和低纯度，这样可以增强空间感及光线的反射。

尽管这个标准方法提供了一种令人满意的竖直方向的平衡，但也有多种反对理由。明亮的地板可以使房间内的采光更好、空间更大，而且使用新型质地的材料使维护不再成为大问题。而明度较低的墙面给人以舒适的包围感，并且可以与各种混杂的暗色物品达到统一和谐的效果。高纯度的地面、墙面和家具不同于普遍流行的单调色彩，它可以给人耳目一新的感觉。

使用不同的色彩处理方式会使房间的大小、性状及特征随之改变。在进行室内设计时，色彩还应该和其他设计因素同时考虑。老房子往往易于重新改造，因为只要在界定空间范围的结构性平面（墙、地面、天花板）上使用合适的色彩，或是增加诸如装饰线条、壁板及嵌板之类的装饰物即可。

色彩的关系及使用效果值得我们总结归纳，尽管有的时候并不一定适用，但是通过分析房间、家具和纺织品及花园中的色彩组织，我们可以获得很多有关色彩色相、明度和纯度知识。

暖色调的色彩明度要比一般色彩高，其高纯度会使我们情绪激动、思维活跃。任何一种强烈对比，如蓝绿色和橙色或深褐色和白色，都会产生类似的令人兴奋的效果。此类强有力的色彩往往用于高噪声的社交空间。

冷色调色彩明度较低，其低纯度往往给人安静平缓的感觉。在卧室和需要安静的工作区常常会采用这种色调。如图 2-67 所示，中间色明度适中，其适中的纯度给人视觉上的放松与休息。

当然，还有很多种改变色相、明度及纯度的方法可以达到我们预期的效果。比如说，能使人的容貌显得姣丽的色彩就适宜于浴室或梳妆台。尽管如此，居室中的色彩还是要依据个人喜好来设计。窗户及其朝向会影响到房间的整体风格，并且对色彩设计也会产生一定的影响。如图 2-68，在拥有大窗户采光良好或照明充足的房间里，色彩就不会产生偏差。而在光线较弱的房间内，色彩会显得更为暗淡单调。窗户朝南或朝西的房间会吸收更多的热量和透过更多的光线（黄色系的光线），而窗户朝东或朝北的房间就会吸热透光少些。为弥补这种缺陷，我们可以在朝南朝西的房间里使用冷色调，而在朝东朝北的房间里使用暖色调。

假如将室内各个房间孤立开来看待，尤其是那些群体生活空间，则会产生不协调感。因为家是一个整体，而不是单纯的房间的集合。统一的色彩设计注意到了这一点，因此达到了和谐、连续的效果。它还可以增大房间的视觉空间感，并

图 2-67

图 2-68

且即使把家具从一个房间搬到另一个房间，也不会破坏整体的色彩和谐性。

另外，由于时代、民族及文化等原因，色彩的评价标准也在不断变化。例如，我国传统对黄色的认识是只有皇家才可以使用，它是高贵、华丽的象征，而民间是不可以用的，现在则打破了这一传统。根据色彩与材料的关系及使用目

的不同，人们对于相同的颜色有时也会有完全不同的评价。例如，不锈钢金属材料和它本身的色彩，给人一种坚实、现代的感觉。同时，色彩还会因个人的喜好而产生很大差别，例如，女人和男人对色彩的喜好是不一样的，儿童与成人对色彩的爱好差别也很大。

2.2　人体工学

人体工学又称人机工程学，这门学科在第二次世界大战前才开始有了系统的研究，以德国的海里格为代表，他撰写的《手与机器》和《用较好的把柄才能干好工作》两本书，从理论上对人体工学进行了研究。第二次世界大战中，工程师制造飞机、坦克、军舰等，主要是考虑操纵机器时的便捷，减轻疲劳感，提高工作效率等，从而对人体进行了生理、心理感受和活动幅度的研究。在我国很早就开始了这方面的研究。据《周礼·考工记》记载，在制造兵器时，就考虑兵器要大小合适、长短适中。为了使人感觉柔和、舒适，明代家具中的椅子的靠背做成适合人体脊骨弯曲的曲线，棱角做成纯圆形，椅脚做成圆柱形，这些都融进了中国古代朴素的人体工学思想。随着科学技术和工业生产的迅速发展，为适应人们现代生活的要求，专家们动用人体测试、生理学测试、心理学测试等现代科学的测试手段，进行了一系列定量分析，使人体工学日益成熟，从而为环境艺术设计、工业设计等学科在处

理人-机（家具、设备等）空间关系上提供了科学的依据。

人体工学根据不同的立场而有不同的定义。概括来说，它是指研究人的工作能力及其限度，使工作更有效地适应人的生理、心理特性的科学。

随着设计学科的不断发展，人体工学在设计领域中广泛应用于环境的改善、工作条件的改善、安全性的确保等各个领域中。由于工具、机械的使用者是人，所以其设计必须符合人体的特性，便于使用。关于人体及精神方面的统计数据很多，要掌握人的活动实际情况，需要用数据化的手段来表示，人体工学作为一种有效手段起到了很大作用，室内设计很有必要分析一下人体工学的使用方法和限度。

迄今为止，作为设计基础资料发表的各种各样的数据，分析性的学术研究类居多。然而，设计是在不断进行分析与综合的过程中逐步接近于目标的技术，分析性的数据并不能原封不动地应用于设计之中，而人体工学则起着将两者走向进

行综合的桥梁作用。人体工学是设计的有效控制手段，因为在设计时无论怎样注意其深度，创造没有缺陷的产品几乎是不可能的，既有考虑不周的地方，也有须兼顾不同要求的地方，这时人体工学作为控制的手段会起到重要的作用。

2.2.1 人与空间尺度

尺度（尺寸）的单位，实际上可以看作是模数的一种，考虑到建筑设计的特殊性，模数仅仅作为尺寸单位存在是不完整的。对于细部详图有必要体现详细的尺寸，而决定总体布局时体现其详图粗略的尺寸就已足够了。因此，把模数作为设计的工具考虑时，不是把它作为单一的尺寸，而是小的尺寸用小，大的尺寸用大，有选择地使用尺寸模数。把设计工具的尺寸作为基本设计模数尺寸进行设计时，实际上就是把各种资料在纸面上进行组合工作。换言之，就是边组合各种尺寸边进行分解工作。因此，对基本设计模数尺寸进行加或减时，其结果应符合设计基本模数尺寸。

室内设计的空间尺度（尺寸）有四个层面的意思：

第一是功能尺寸，即把空间、家具便于人使用的大小作为标准的尺寸。

第二是尺寸的比例，它是指人们看到物体的美观程度、合理性，如黄金分割等。

第三是生产、流通所需的尺寸，它是在生产的工业化和批量化构配件制造的背景下发展的结果。现在生产越来越专业化，因此需要新的标准，这个标准就是作为规格的尺寸。

第四是设计师作为设计工具用的尺寸。每个设计师具有不同的经验和各自不同的尺寸感觉及尺寸设计的技法。其中大多数设计师都习惯使用共通的尺度，同时，由于设计本身是自由的，各

人的经验与技法不尽相同，因此，高效合理地进行设计是一件困难的事情。

2.2.2 室内人体工学

室内人体工学是人体工学的一个部分，换句话说，它是人体工学在室内设计的有效应用，是研究人体活动与空间条件之间的正确合理的关系，以提高生活功能效率的一门学科。室内功能是室内物质结构对于人的身心活动所起的作用或反应，室内功能是判定生活环境价值的基础，最高的生活功能效率是室内人体工学研究的出发点和归宿。室内环境设计是"为人造物"，创造出以"人"为中心的人性环境，中国古代就十分重视人与环境的和谐，强调"天人合一"。

人体尺寸具有静态与动态两部分内容：

静态是指静止的人体及与其相适应的尺寸。它是研究人体工学的基础，而不是目的，而对人的动态研究才是这个学科的根本。

动态是指人们以生活行为为中心移动时所必需的空间——人物相组合的空间为对象所需要的尺寸，在建筑领域中人体尺寸动态的内容更重要。

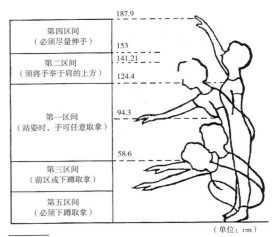

（单位：cm）

图2-69

我们都知道，人总是在运动之中的，人的一切行为都与运动有关，室内设计同样也要为人的这些行为服务。因此，我们有必要对人的运动规律和区域做进一步的分析、研究。事实上，人在一定的场所中活动，身体的各部位会创造出平面或立体的领域空间，这就是动作区域（图2-69）。

人体活动所占的空间尺度是确定室内各种空间尺度的主要依据。在室内设计中确定人体活动所需要的空间尺寸时，还应考虑男女性别的不同、身体高矮的要求，对于不同情况可以按三种人体尺度来考虑：

考虑室内空间尺度上限时应以较高人体尺度为参照，如果用男子人体身高1 740 mm为上限，另加鞋厚度20 mm,得出室内最低空间高度就不得少于1 800 mm。如楼梯顶高、栏杆高度、阁楼及地下室的净高、门洞的高度、淋浴喷头高度、床的长度等都应以较高人体身高为参照。

考虑室内空间尺度下限时应以较低女子人体尺度为参照，另加鞋厚20 mm。如楼梯踏步、吊柜搁板、挂衣钩及其他空间设置物的高度，舞台高度，洗面台、操作台的高度等。

一般室内空间的尺度应按我国成年人平均身高1 690 mm（男）及1 580 mm（女），另加鞋厚20 mm来考虑。如展览空间、影剧院、客厅、百货商场等公用设施，以及桌椅的高度。而对主要使用对象为儿童的室内空间，则应根据不同年龄的儿童高度来确定此类空间的大小以及窗台、栏杆、楼梯踏步等的尺度。如幼儿园和小学生的活动空间以及少儿科普活动中心等。

设计中确定人体活动所需空间的依据，是人体正常活动所达极限平面和主体站立姿势、倚坐姿势的空间范围，如图2-70为人体站立时上

图2-70

肢活动的范围。室内空间设计的必要尺度，可以根据动作领域中身体的活动空间与室内的空间环境综合考虑。人的基本姿势可以分为站立体位、倚坐体位、平坐体位、卧式体位四种。这些基本姿势与生活行为相结合，构成各种生活姿势（图2-71）。

一般情况下，人们用手进行工作时的情况比较多，这时工作面可以分为通常工作活动范围和最大工作范围。用手操作机器时有推、拉、转三种基本动作，与其相对应，可以把手的基本形状分类为抓、握、触三种。我们可以据此得出人工作时周围必要的空间（图2-72）。

使用人体尺寸时需要注意以下两点：

一是即使有明确的人体尺寸，也不能直接作为设计尺寸来使用。设计图所表示的尺寸，是以人体尺寸为基础，加上或减去某个"空隙"而成的。这个"空隙"的尺寸极其重要，根据设计对象的不同而不同，有时比人体尺寸具有更重要的意义，这是因为人在运动时，有一定活动范围。

二是人体尺寸因民族、职业、年龄、性别以及地区的不同而存在差异。例如，我国北方人的

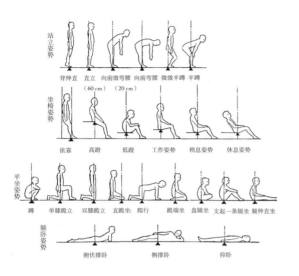

图 2-71

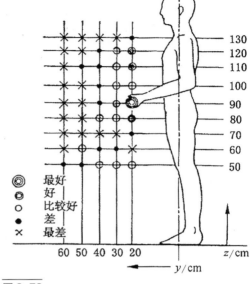

图 2-72

基本身高要比南方人高，因此设计时必须参照某个数值进行分析，慎重使用这些数据，根据设计的需求做一些必要的修正。

所以我们要充分理解关于人体工学的几个要点：

①关于身高，男子的平均身高 - 26 cm（标准偏差的 2 倍）相当于女子的平均身高，女子的平均身高 +20 cm 相当于男子的平均身高。

②从世界范围来看，人体身高呈现出越往南方越矮，越往北方越高的倾向。

③人体各部分的尺寸，可以看作在长度上以身长为比例，宽度则以体重为比例。

④身体全身的重心位于中心略微向下的部位，大致在脐部以下的位置。

⑤设计物体时，常常认为选取平均值即可，而实际上选取平均值只能满足 50% 的人的需要。

2.3 家具设计

在我国古代，最早人们都席地而坐，没有太多的家具，到了唐代，桌、椅才开始被广泛地使用。以后家具的种类更多，形式也不断完善演进。到了明清时，我国家具工艺水平达到高峰时期，并开始考虑家具与人体尺度的关系，如椅子的靠背做成适合人体脊椎自然弯曲的曲线（图

2-73）。而在 20 世纪初的西方，德国的包豪斯运动也开始研究工业设计（包括家具）与人体的关系。尤其是今天，人们对家具与人体的研究更深入、更完整。

家具，一般指日常生活、工作中使用的床、桌、椅、柜等能起支撑、储藏和分隔作用的器具，它们是构成室内环境的基本要素。从设计学角度来说，家具的设计应以"人"为中心，家具是为人而造的。

2.3.1 家具设计的基本原则

室内空间为了满足使用功能的要求，就需要有相应的家具、设备，并进行合理的布置。如卧室中有床、衣柜、桌子、椅子等，餐厅中有餐桌、餐椅、吧台等，教室中有课桌椅、黑板和讲台等，陈列馆中有展板、陈列台和陈列柜等。这些家具和设备是供人使用的，所以室内的尺度就与人体尺度密切相关，如房间的大小、楼梯的坡度、宽窄，洗面台、灶台的高低，也就是说，家具、设备、设施的基本尺寸，是由人体尺度作为基本因素来决定的。

家具就是以满足人们的生活需求，以追求视觉表现为理想的产物。家具的功能是它的基本要素，而家具的形式是它的主要特征。只重功能而忽视其形式的家具只能是粗廉的产品；只重视形式而无良好功能的家具也只能是视觉上的产物。基于这种认识，能够将功能与形式结合为一体的家具，不仅能兼顾人的生理、心理两方面的需要，而且能高度发挥其价值。

由于家具是室内环境必不可少的器具，因此在家具的选择上要根据空间环境的特点、面积的大小、使用的需求、家庭的经济情况和个人的爱好，有的放矢地选择。

图 2-73

（1）功效性

家具的功能以舒适和便利为基本要求，以发挥弹性和节约空间为原则，同时，以使用耐久和容易维护保养为主要条件。

（2）舒适性

家具的舒适性必须以正确的尺度、合理的结构、优良的材料为基础。在设计中，凡是与人体活动有关的座椅、床、工作台、餐桌、储藏家具等都应该符合人体工学原理，采用适宜的材料和结构，达到节省体力、放松情绪、消除疲劳和增进健康的综合目的。同时，还要重视造型和色彩等的视觉因素，以满足生理和心理上的舒适性的需要。如图 2-74 中，优雅的环境和舒适的沙发相得益彰。

（3）便利性

家具的便利性与结构和重量有直接的关系。形体轻巧的家具，特别是容易拆装和变化、使用方便的家具最具便利性；相反，粗笨而呆板

图2-74

的家具在运输、移动时都会带来很多的不便。另外，合理和完善的储藏功能也是很重要的（图2-75）。

（4）节约空间

家具的弹性不仅可以产生多变的功能形式，而且可以节约更多室内空间，现代家具节约空间也是家具设计的一个主要因素。因此我们一方面要研究家具的尺度和结构，尽可能地减少家具的体积；另一方面要充分地利用室内空间，使平面空间得到最大化利用（图2-76）。

（5）耐用与维护性

家具的耐用与维护有着密切的关系，家具要想长时间地得以使用，不仅与它的材料品质和结构的合理性有关，同时与家具的形式也有着密切的关系。造型独特、材料和结构牢固是耐用的基本保证，而精良的工艺技术和优质的材料可以使我们的维护工作降低到最低限度，从而获得节约资源、劳力和经济实用的诸多便利。

因材，进行家具设计时，要注意以下要点：
①家具的功能要多样性。
②家具与人体的尺度关系要有科学性。
③家具的体积及占据的空间要有合理性。
④家具的造型和式样要富有个性。
⑤家具的色彩与室内风格要有统一性。
⑥家具的结构要具备安全性。
⑦家具的选材要注意经济性。

图 2-75

图 2-76

2.3.2 各类家具设计基准点

（1）储藏类家具设计的基准点

储藏类家具的尺寸，均以室内地面为基准点，它和人着地的脚跟位置有关。图 2-77 是人体与储藏类家具的尺度关系。衣橱的基本尺度，如衣柜的设计应以方便存放、方便拿取衣物为目的，而最上层衣物作为高度的参照。书架的设计应以人眼能看清楚书名为基准，即便是高一格的书籍，也能使人触手可及，同时还要考虑到整理工作的方便，所有这些都是以人体尺度为依据。

（2）支撑类家具设计的基准点

支撑类家具设计的典型例子就是椅子设计，它是以人坐着时的坐骨结节点为基准，当人坐着时，身体各部分尺寸都是以坐骨结节点为基准来确定的，与脚跟位置无关。台、桌的设计都以坐骨结节点为基准点。

椅子是一般家庭、机关、学校中的必备用具，在我们的生活中无所不在。在室内环境设计中，椅子不仅仅是坐具，而且还必须将其看作与地面一样，是确定功能尺寸的又一基准点。

椅子的功能：从室内环境设计的要求看，首先是满足"坐"的功能，其次是观赏功能。因此，椅子既要满足坐着舒适的功能性，又要满足美化室内环境的美观性的要求，两者缺一不可。当然两者也不一定并重，应根据使用环境而有所侧重。

椅子的设计，要让人感到舒适，有利于消除疲劳。影响疲劳的主要因素有坐面、靠背、踏脚板和扶手。设计的关键除了坐面须符合大腿、臀部的自由曲线外，靠背的支撑还必须切中人体上部的着力部位。图 2-78 中的椅子体现了坐面、靠背、踏脚板之间的和谐关系。

图 2-79 是腰部肌肉活动的测定资料。图示表明，当坐高为 40 cm，腰肌活动度最小，而坐面比 40 cm 高或低时，肌肉活动度有所增大。这说

储　　存　　区　　分						储存形式
被褥类	衣服类	餐具食品	书籍办公用品	欣赏品贵重品	音响类	开门、扯门，翻门只能向上
稀用品	稀用品	保存食品备用餐具	稀用品	稀用品	稀用品	不适宜抽屉
旅行用品、备用被褥	其他季节用品	其他季节用品、稀用品	消耗品、库存品	贵重品	稀用品	适宜开门、扯门
客用	枕头	帽子	罐头	中小型物品	扩音机	
被褥、毯子	睡衣、被褥	上衣、裤子、裙子	中小瓶类、小调料、筷子、叉子、勺子等	欣赏品	电视机	适宜扯门
				中型常用书籍	收音机、迷你音响	适宜开门、翻门
			文具	小型欣赏品		
		衣服类	大瓶类饮食用具	大尺寸稀用品、合订书刊	稀用品贵重品	唱片匣 适宜开门、扯门
						脚

图 2-77

单位：mm

手长 男740 女650

眼高 男1 500 女1 400

肩高 男1 380

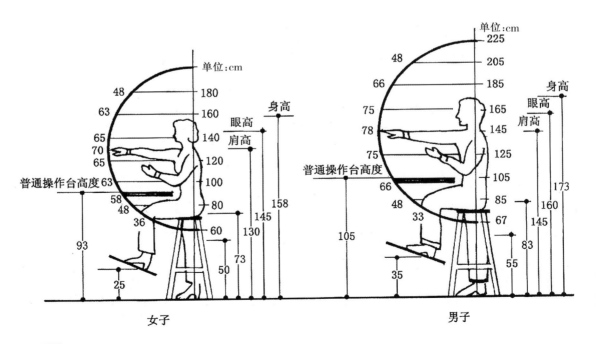

女子

男子

图 2-78

明当人体坐在高度约 40 cm 的椅子上时腰部不易疲劳。

关于靠背的设计，研究者提供了最佳角度与支撑点高度的数据。他们使靠背和坐面的夹角从 90°~120° 依次变化，同时使支撑点也沿靠背上下移动，并选定 200 多种不同靠背角度和支撑点高度的组合，测定人体的肌肉活动度，然后从这些测量值中选出最佳角度和支撑点高度的组合，再根据人体骨骼的特点，求出上身的支撑条件。可简单归纳成下列几点：

①靠背倾角小时，靠背支撑点选择在第二到第三腰椎。

②靠背倾角大时，支撑点移向胸椎下部。

③靠背倾角超过 114° 时，必须对腰椎、胸椎下部以及头部三点进行支撑。

关于踏脚板和扶手的设计。坐在座椅上，脚的位置怎样旋转才舒适呢？根据研究，可简单归结为：脚的正确位置是保持小腿与上身平行，或者与大腿的夹角约大于 90°。在实际设计中，还应该加上脚能自由活动的空间。因此脚踏板的位置应放在脚的前方或上方，才能方便脚的活动。

从以上叙述可知，当椅子各支撑构件在使人体肌肉活动度很小时，人不易产生疲劳，即符合

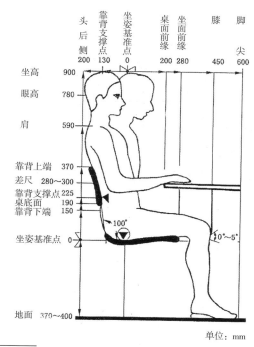

图 2-79

人体工学原理。关于台、桌与椅子的尺度关系：台、桌的高度应是坐骨结节点到桌面的距离（差尺）与该点到地面的距离（坐面高）之和。当坐骨结节点确定后，其位置是确定桌面高度的重要依据。

试验结果表明：

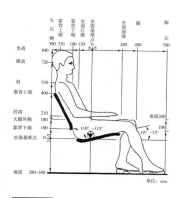

图 2-80

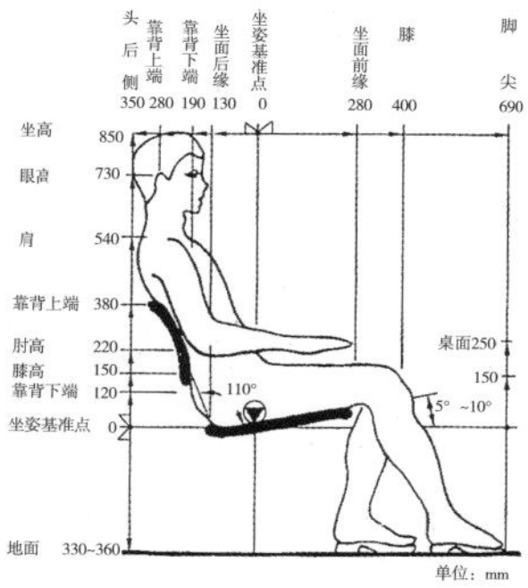

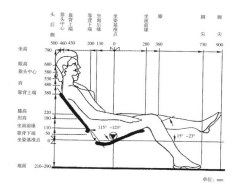

图 2-81

图 2-82

①着重提高书写效率时，差尺为 1/3 坐高减去 2~3 cm。

②对于阅读以及长时间缓慢作业者，差尺为 1/3 坐高。

③对于学生课桌，差尺以 1/2 坐高减去 1 cm 为宜。

以上尺寸是大致的标准，在实际运用中还需结合实际情况灵活运用。目前国际上公认的最佳桌椅尺寸是成年人用椅高为 40 cm，桌高为 70 cm，这和我国人体尺寸接近。

如图 2-80~ 图 2-82 为三种不同的座椅功能形式。

2.3.3 家具的类型

家具的分类一般是以使用性质为依据，可分为睡眠家具、餐厅家具、座椅家具、办公家具、陈设家具、存储家具、嵌入式与组合式家具、户外家具等。

（1）坐卧类

坐卧类家具主要指床、椅、沙发等。此类家具根据人体工学的原理，尺度要求较高。必须按照人的坐卧支撑点及体压分布规律来设计，以达到符合人们仰卧起坐等"最终姿势"的舒适程度。

①床。床是卧室睡眠的主要家具，同时又分单人床、双人床两个基本形态。从传统结构上，西方以弹簧软垫床为主，而我国一般以木质床为主。在视觉上，床罩和床毯是床的重要装饰，在现代设计中床在卧室环境中占有重要地位。

②沙发。沙发是客厅的主要家具之一，其形态多种多样，分单体和组合沙发，一般根据空间的条件分别采用一字形、曲线形、U 形和 L 形等组合形式（图 2-83）。

③椅子。椅子是室内环境中必需的家具，无论对于工作、学习、休息、饮食都是不可缺少的。椅子的尺度必须符合人体工学，因为人体的重量和压力的分布直接影响到人的疲劳或舒适感，因此，椅子的高度、椅背的角度、座面形式和舒适性等显得很重要。同时它还因有休息、书写、阅读、工作、交谈、会议、用餐、娱乐等不同实用性质，其材料、工艺技术也是变化最多的。

（2）餐厅家具

餐厅家具主要是指餐厅使用的家具，它的形式因用餐的习惯不同而有所不同，如中餐与西餐用餐的形式不同，家具的形式也就不一样。它的

图 2-83

图 2-84

图2-85

图2-86

图2-87

形态有正方形、圆形、长方形或其他异形。餐厅家具是我们生活、工作、学习研究的必备家具。尤其是现在，餐厅家具的材料更是多种多样，材料的变化带来了形式的多样化（图2-84）。

（3）办公、学习类家具

办公家具主要指用于办公环境的家具，由于办公环境和性质的不同，家具的形式差异也很大，尤其是现代化的办公模式，办公家具的组合形式多种多样，材料更加丰富。

办公、学习类家具主要有学习桌、椅，书柜、写字台等。此类家具作业性较强，必须按照作业姿势进行设计，最大限度地为人的工作、学习提供合理方便的使用条件（图2-85）。

（4）陈设类家具

陈设类家具主要指博古架、花台、屏风等。此类家具主要具有装饰意义，它与室内其他装饰品共同发挥美的效能（图2-86）。

主要用于装饰用品的陈设家具应根据室内的环境进行点缀，在环境中不占主要空间，主要调节环境气氛。

（5）存储家具

存储家具指一切具有存储功能的家具，如书架、装饰柜、橱柜、陈列柜、壁柜、酒柜、玩具柜、鞋帽架等。此类家具与人体无直接关系，它的设计与选择，以储藏存放物品的实际容积为前提，兼顾功能、款式、色彩等因素（图2-87）。

图2-88

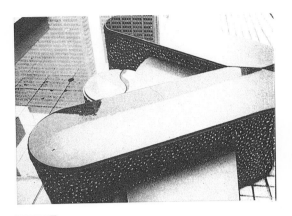

图2-89

（6）辅助生活类家具

辅助生活类家具主要指电视柜、茶几、梳妆台、床头柜等小件家具。此类家具虽不是主要家具，但与人的日常活动有密切联系，它的设计与选择，仍要服务于人，适应于人（图2-88）。

（7）户外家具

户外家具泛指室外环境使用的家具，它包括公共环境使用的家具和民用的户外家具，可分固定和移动两种类型。户外家具要求其材料具有耐久性、防水、耐腐蚀（图2-89）等性能。

在室内空间中，家具具有如下作用：

①家具是构成室内空间最重要的因素之一，不仅为人们的生活提供功能上的便利，而且在风格及空间设计方面所起的作用也是很大的，家具的形状、材质、大小及布置会在很大程度上左右房间的气氛。

②家具的布置和功能会在很大程度上影响人的行为和活动。

③家具的选择反映人们的爱好和感受，也就是说，看到房间的布置，就可以对其居住者的生活方式有所了解。

④家具是以人的尺度为标准设计制造的，人们可以根据家具把握房间的空间尺度，家具起到了联系人和空间的媒介作用。

思考题

1. 室内设计要素由哪几个部分构成？

2. 什么是空间构成？

3. 怎样安排空间次序？

4. 空间序列的设计手法有哪几种形式？

5. 在生活中有哪些室内环境的不同分隔形式？

6. 为什么我们要改变色彩的纯度？

7. 如果改变了明度，纯度会跟着改变吗？

8. 如果改变了纯度，明度会跟着改变吗？

9. 描述"粉红色"的色相、明度和纯度。

10. 为什么室内设计师需要了解色彩的冷暖？

11. 我们能应用色彩做什么？

12. 色彩能产生视觉焦点吗？如何产生？

13. 我们能应用色彩分割空间吗？

14. 室内环境的线条表现在哪些方面？

15. 找一找生活中不同的肌理效果。

16. 怎样使环境空间平衡？

17. 家具的类型有哪些？

设计法则与原理

形式与功能

形式的创造法则

设计的原理

The Principle of
Interior Design

3.1　形式与功能

一方面，室内功能是满足人们物质与精神生活的主要基础，它必须兼顾物理、生理和心理的不同性质和相互关系，根据室内各种活动的特殊需要，采用适当的材料和正确的结构，使室内空间和设备依据规划和设计原理，充分发挥室内环境的实用效果。另一方面，室内形式是塑造具有视觉特点和心灵空间的基本媒介，它必须根据使用对象的特殊性格，采用适宜的材料和完美的技术，充分表现室内环境设计的精神作用。

以"功能主义"为中心思想是早期的"功能"学说，美国芝加哥学派的沙利文所倡导的"功能决定形式"理论，是最富于革命性和影响力的设计理论。

赖特则是早期进一步独立实践"功能"的大师，他以有机建筑的观点阐述了形式与机能之间的相互依存性。一方面，他重视人类需要和感情因素；另一方面，他又强调人为环境与自然的和谐关系（图3-1）。由于对自然和人性的信仰，赖特坚持绝对不让技术来奴役人类，必须使技术为人所用的设计原则。他毕生致力于寻求新空间的设计塑造，力求在室内表现自然材料的特征，并展露内部结构的特色。他的个性表现，虽然在时代意识上违反了理性的机械精神，但为今天的人为环境树立了另一种自然和人和谐相处的崇高意识。

密斯·凡·德·罗所倡导的"弹性空间"观念对于现代设计具有更为强大的影响力。图3-1中的女医生范斯沃斯住宅是密斯·凡·德·罗设计"弹性

空间"的典型建筑。他主张对于内外空间同样重
视，对外向自然开放，对内视实际情况做弹性适
应，而不只是将空间分割为较小的单元。根据他
的理论，空间更换用途或改变原来目标的适应性
乃是功能的特征，因而对于任何特殊用途都必须
保持中性的态度，只有可变功能才能产生应用上
的可变性。从表现的角度来看，密斯·凡·德·
罗所追求的是一种以精确几何形为主导的"纯粹
形式"，他特别强调秩序和简洁的形式原则，倡
导"以更少表现更多"的设计哲学思想。

然而，形式主义却坚持着"形式表现甚于
内涵实质"的看法，而将空间造型完全诉诸美学
的创造表现。从这个观念出发，贝克玛甚至将沙
利文的论点"机能决定形式"改为"形式产生功
能"的理论。

"形式服从功能"虽然是由 19 世纪的美国
雕塑家格里诺提出来的，但是沙利文首先应用于
建筑和室内设计。形式服从功能意味着一个物体
或空间的形状应该直截了当地反映计划的用途，
即它看上去应该像它所起到的作用一样。然而，
功能永远不可能是形式的绝对决定因素，因为任

图3-1

何终端用途完全可以通过两种、四种甚至十多种
不同的形式来达到。

综合上述，室内设计是一种功能与形式并重
的创作方法。如果仅只注重功能，而无视形式的
塑造，必将产生机械的"功能主义"的弊病；如
果仅只讲求形式的表现，而无视功能的需要，则
将造成虚伪的"形式主义"。室内功能必须透过
形式来表现，室内形式必须合乎使用功能原则，
两者互为表里密切结合，它们相互之间是辩证关
系，只有这样才能使人获得最大效用价值。

3.2　形式的创造法则

从广义的角度来看，室内形式并不只是表面
的造型和色彩等媒介所创造的视觉效果，而且是
包括功能、结构和美学表现等综合要素共同结合
的整体。根据这一原则，室内形式具有下列三种
不同的形态：功能形式、结构形式和美学形式。

所谓功能形式，就是具有实际用途的形式；
所谓结构形式，就是合乎构造法则的形式；而所谓
美学形式，就是符合艺术原理或是具有视觉价值的
形式。譬如说，一把椅子是否能坐，是否坐得舒
适，主要指的是它的功能形式；而这把椅子采用木

结构或金属框架，则主要指的是它的结构形式；至于这把椅子采用的是直线还是曲线造型，是红的还是绿的色彩，就是它的美学形式。三者虽然性质不同且目标各异，但密切相关且相互影响。按照一般正常的设计步骤，人往往从寻求合理的功能形式出发；而后根据功能形式的要求寻求正确的结构形式；再在功能形式和结构形式的共同基础上寻求完整的美学形式；最后再综合三者的得失予以适当的调整，使设计形式做到尽量完善。这种创造方法还可以采用下列几种不同的方式来实现：

①功能形式→美学形式→结构形式。

②结构形式→功能形式→美学形式。

③结构形式→美学形式→功能形式。

④美学形式→功能形式→结构形式。

⑤美学形式→结构形式→功能形式。

事实上，从功能形式出发的设计程序比较合乎功能主义创造法则；从结构形式出发的设计程序则含有强烈的技术表现意识；而从美学形式出发的设计程序则富于浓厚的形式主义色彩。可是，比较来看，由功能形式→结构形式→美学形式，然后再做回馈修正的程序，显然是比较合理、自然且有效的方式。换句话说，将室内形式视为室内功能和结构的美学表现，是较为有效的创造方法，采用这种方式可以收到事半功倍的效果。

3.3 设计的原理

3.3.1 平衡

人们在生活中习惯于从左右前后看待事物，即从一边到另一边，而不是直上直下。也就是说，如果我们在左边摆了一样东西，而右边什么都没有，我们会感觉到有一条中轴线，或者说"一条并不真实存在的线"沿着我们空间的中央，把它分为两半。我们进行了一个设计，迫使观者对空间进行意念中的分割，这里的平衡与物理中的概念相同：两边重物等重时，支点在正中间，左右对称就是这个原理；重物不等重时，支点须向偏重的一方移动以保持平衡。

但是在设计中处理好平衡关系并非如此简单，它是指形状、色彩、明暗、肌理、大小、方向、位置等诸多因素的对立与变化的配置。它们之间的相互作用，建立起设计的整体均衡状态，使人们在视觉上能够很好地感受到，通过这种方式形成多样的且令人赏心悦目的统一秩序。

我们把平衡定义为空间中通过表面的视觉重量被分配的空间或形态。我们可以用任何一种或全部元素来创造平衡，也可以用明度、形态、色彩等创造平衡，我们还可以使用已知的平衡系统，使用我们的设计元素达到某种平衡效果。

（1）对称平衡

古希腊哲学家毕达哥拉斯曾说过："美的线型和其他一切美的形体都必须有对称形式。"对称是形式美的传统技法。中国几千年前的彩陶造型证明，对称早为人类认识与运用，对称是人类最早掌握的形式美法则。对称原本是生物形体结构美感的客观存在，如人体、动物体、植物枝叶、昆虫肢翼均为对称图形。

对称又分为绝对对称和相对对称。上下左右对称、同形同色同质为绝对对称。同形不同质感、同形同质感不同色彩、同形同色不同质感都可称为相对对称。室内陈设设计中，经常采用的是相对对称。对称的形式在我们身边到处都是，它是最简单的平衡方式。古人类在装饰艺术中就已经广泛应用这种形式。尤其是手工艺品上面的装饰，以及在建筑设计、室内设计中，人们常常采用对称的形式（图3-2）。对称给人秩序、庄重、整齐的和谐之美。

（2）不对称平衡

不对称平衡就是在整体保持平衡状态时，破坏其中的一部分平衡而故意使之失衡。平衡状态一般来说有安定、稳定的感觉，这种状态会产生美的均衡感，但没有能吸引顾客目光的动态魅力。为了吸引人们的目光，设计师往往用破坏平衡的方法使画面活动起来，许多设计师常常寻找这种有变化趣味的平衡形式（图3-3）。

（3）中心平衡

中心平衡就是一种圆周运动，或是从中心发散，或是汇聚到中心，或是环绕中心。在室内环境中，从碗碟到吊灯，从插花到织物样式，大多数的环形状物体都是中心平衡形式，中心平衡无所

图3-2

图 3-3

图 3-4

不在。中心平衡既可以是一种静态的、正式的平衡样式，凸显着中枢轴的中点，比如天花造型多中心平衡的形式（图3-4）；又可以是围绕着次要的中心动态的、绕着曲线的布置，比如螺旋形楼梯。尽管和前几种平衡类别相比，中心平衡显得不是那么重要，但是在小件物体上它仍有独特之处，可以和棱角分明的物体形成强烈的反差。

（4）呼应

我们在群山中呼唤的时候，几秒钟后必有回声反应，这种物理现象称为"呼应"。呼应如同形影相伴，在室内设计与陈设布局中，顶棚与地面，家具与门、窗及其他部位，采取呼应的方法和形体的处理会起到对应的作用。呼应属于均衡的形式美，是各种艺术常用的方法。呼应有"相应对称""相对对称"之说，一般运用形象对应、虚实气势等手法求得呼应的艺术效果（图3-5）。

3.3.2 统一与和谐

统一就是把各种形式混合在一起，形成统一的风格、格调。统一形式把设计元素组合在一起，使人感到一件设计作品的整体性或者说效果的和谐性，并且引导人的视线在此集中，刺激着人对环境的反应（图3-6）。

我们用一场晚会来做比喻：一群受邀请的人如果没有共同点、没有主题，没有男女主人在场，这场晚会肯定令人不舒服。至少需要一件能把大家联合起来的东西，如一个人（男主人或女主人），一种兴趣（音乐、食物、某个政治人物），一个主题（化装舞会、新年聚会），某件事由，使每个客人都能对别人说："我来这里的理由和你一样。"这就使得整个局面统一起来。所以我们把统一定义为使所有的元素都能够和谐相处的效果，而每一个元素都在支撑着整体设计。

和谐包含协调之意，即室内设计在满足功能要求的前提下使各种室内物体的形、色、光、质等组合得到协调，成为一个非常和谐的整体。设计中的每一个"成员"，都在整体艺术效果的把握下充分发挥自己的优势。和谐可分为环境及物

图 3-5

图 3-6

体造型的和谐、材料质感的和谐、色调的和谐、风格式样的和谐等等。和谐能使人们在视觉上、心理上获得宁静、平和和满足。

在室内设计中，层次分明、清晰是非常重要的，它能使空间的深度、广度更加丰富；而缺少层次，则让人感到平庸。如色彩从冷到暖，明度从亮到暗，纹理从复杂到简单，造型从大到小、从方到圆、从高到低、从粗到细，构图从聚到散，质地由单一到多样，空间形体的实与虚等等都可以看成富有层次的变化。层次的变化可以取得极其丰富的空间效果，但需用恰当的比例关系和适合空间层次的需求，做比较适宜的层次处理，才能取得良好的效果。

虽然在设计策略上要突出一定的层次感，但维持整体的和谐依然十分重要，它强调的是室内设计中，不论是单个房间还是整套住宅，都应让各部分保持有统一的主题。

3.3.3 节奏与变化

节奏被定义为连续的、循环的或有规律的

运动。节奏是设计师经常使用的方法，通过应用节奏，室内空间产生统一性和多样性。在形状和空间上，节奏表现有如树木落叶和新芽的不断循环，斑马身上黑白相间的条纹，河道的九曲十弯，使得我们的视线也跟随着节奏蜿蜒向前。

自然界中事物的构造与运动都有一定的规律，大至宇宙环境，小至原子和质子世界，以及人类的有机生命，都存在着永恒的节奏关系。我们从音乐与舞蹈中得到更多的启示，音乐的高低起伏以及舞蹈的动态变化，给我们带来了心灵的同构，这种节奏与秩序同样可以应用于设计的组织原则中。

节奏是从心理学的角度加以运用的，归纳到设计之中，则与质感、线条、空间、深度、体积等构成相互关系。不同的排列组合，给人以视觉上的不同感受，这些就是节奏。

同一单纯造型连续重复所产生的排列效果，往往不能引人入胜，但是，一旦稍加变化，适当地进行长短、粗细、造型、色彩等方面的突变、对比、组合，就会产生出有节奏韵律、丰富多彩的艺术效果。节奏的基本条件是条理性和重复性。节奏和韵律似孪生姐妹，节奏往往是反复的、机械的，而韵律是节奏中的情调。

在室内装饰中，节奏的强烈反差越来越成为流行的主题。图3-7中，朴素的背景衬托出华丽的物件，新和旧物件的相互搭配，不同形式和明快的色彩变化产生了一种节奏的美感。这是一种令人振奋的、有挑战性的设计理念，但是在应用的时候，既需要设计师丰富的设计知识，又需要设计师掌握一定的度，从而不至于对整体的连续性造成破坏。

（1）重复

重复是形式体（形式元素）的有次序组合，又有反复连续之意。建筑构件装饰上选用相同构件重复排列，既能产生节奏，又可使局部产生曲直、高低、粗细变化，形成韵味（图3-8）。

室内陈设主要装饰部位往往采用相同的形式元素，如乐器、扇子、瓷盘、风筝、鸟笼等，进行大小疏密的重复排列而取得装饰效果。简单来说，重复就是重复使用直线或者曲线、颜色、材质和图案，形状、颜色、材质的交替，或者是在不断变化的物体中见到的连续的相关运动，使得重复更为复杂。在设计中单纯应用重复不会有太大的作用，应用重复时应该符合以下几条准则：

①重复某些加强基本特性的形状和颜色。

②避免重复平庸和普通的事物。

③如果重复太多而缺少必要的对比，则会导致单调。

④重复得太少则缺乏整体性，会导致紊乱。

（2）渐变

一切生物的诞生、成长与消亡，皆在渐变过程中体现。渐变是事物在量变上的增减，但其变化是按一定的比例逐步增减而使其形象由大到小，或由小到大；色彩由明到暗，由暗到明；线型由粗到细，由细到粗；线条由曲到直，由直到曲；甚至由具象的形体到抽象的几何渐变等。

渐变是有序的、规则的变化，是对一种或者几种特征、性质相同者按照顺序排列或者层次渐

图3-7

图3-8

图 3-9

变。这种有目的的连续变化暗示了向前的动感，因此相对于比较简单的重复而言，渐变更具有活力。在室内设计中，渐变的方式有：只采用一种图案，或者摆放一组家具，或者室内贯穿这个的空间、形状、颜色的渐渐变化。图 3-9 中天花板的造型由一层层台阶组成，人的视线随之交错变化，逐渐围向视觉中心。

（3）过渡

在我们的生活环境中，过渡是比节奏更加微妙的表现形式，它引导着我们的目光以一种柔和缓慢、连续不断、不受阻挡的视觉流的形式从一处转移到另一处。如图 3-10 所示，曲线通常能产生平滑的过渡作用，使得我们可以很容易地从一个空间向另一个空间实现转换，比如利用沙发的曲线外轮廓线转移视线而柔和过渡到另一个空间，由此产生连续流动的运动感。

（4）弯曲

在室内环境中用弯曲的线、面表现空间的变化，不仅活跃了空间层次，同时也打破了火柴盒式的空间环境的死板，在室内设计中广为运用。弯曲有活跃、柔和、神秘等特色，是硬性的、死板的空间环境的调和剂（图 3-11）。

（5）倾斜

倾斜的对立面是横平竖直，垂直平行的陈设在室内环境中屡见应用。设计的灵魂贵在构思独特。倾斜的做法则是突破一般陈设规律，大胆创新，留给人们感观的惊奇、新颖和回忆。倾斜的另一特点，则是在规则的正方形、长方形空间里，采用斜线、斜体和垂直水平线面而形成强烈

图 3-10

图 3-11

的对比，使空间更加活泼生动（图 3-12）。

（6）对比

对比是质和量都不同的物体看起来有对立的效果。它有强对比与弱对比，这种对立越明显，两者之间相互的特性也越鲜明，于是画面也变得生动起来，给观赏者动态的刺激。但是对立过于激烈，会使画面缺乏一致性，对比也就失去意义了。

对比是有意地将形状、材料或者颜色形成强烈反差，比如图 3-13 中天然的石材与玻璃产生强烈的对比。又如把方形和圆形放在一起，红色放在绿色边上，等等。对比是激发人们反应的一个不错的方法，由此而产生的节奏是令人振奋的。

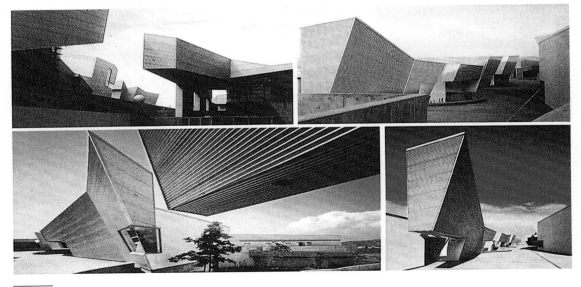

图 3-12

图 3-13

3.3.4 突出重点

突出重点是对室内环境中某部分进行重点设计，通常是从环境的主次方面的角度来考虑。它要求在整体环境的前提下，在对每一个部分予以适当重视的同时，有重点地突出某部分，对次要的部分则可以一带而过。突出重点必须是在不产生环境混乱的前提下进行个性化的处理，同时必须处理好整体与部分的相互关系。

如果室内环境没有特别吸引人的重点部位，空间环境会变得单调乏味；如果没有次要部分的配合，空间则会变得杂乱无章。

现在很多设计之所以平淡无奇或者杂乱无章，是因为设计中缺少主次关系。而把房间中的每一件物体都布置得规规矩矩，即使房间中摆满了

绚丽夺目的东西，也让人感觉平平淡淡。通常，在设计时要选择几处引人注目的地方或房间，对其进行精心设计。例如，住宅环境中客厅是整个空间的中心，而客厅的中心则是会客区域，让这个环境变得更具有活力——一个特别的电视背景墙、一套别致的家具、传统的装饰壁炉或者是一扇透着风景的窗户等，它们都有可能成为空间环境的主题，这样既突出了空间的个性，不会使人觉得乏味，又形成了整体的平衡与和谐。

突出重点包含着两个步骤：首先要选择每个单元应该具有的重要性，然后再精心构想，使其具有相应的视觉效果。如图 3-14 所示的房间可以按照如下方式进行分解：

①重点加强部分——以壁炉、高大的装饰镜子为中心。

②主导地位部分——通体的透着风景的窗户。

③一般部分——主体沙发和辅助家具。

④次要部分——地板、墙壁、灯具及工艺品。

如果分析一下这房间的室内设计，就可以很清楚地看到，设计者有意对某些要素做了巧妙处理。浅色的墙壁装饰着壁炉和高大的镜子，使其显得很突出，具有相当的重要性，在寒冷的季节里也不会给人突兀的感觉；客厅中大的落地窗使得室内空间阳光灿烂而成为整个室内设计的亮点；沙发围合成为人们交流的中心，从房间整体来看，古典的椅子与沙发形成对比，小的工艺品也起了装饰的作用，墙面涂料和装饰灯具也起到很好的衬托作用。

总而言之，焦点需要其他要素的衬托。也就是说，焦点并不是唯一吸引人的地方，它要和其他那些将眼球吸引到主要区域的家具装饰相互联系起来。

图 3-14

3.3.5 尺度与比例

    尺度与比例是两个非常相近的概念，都用于表示事物的尺寸和形状。在建筑或室内设计领域，比例是相对的，它常用于描述部分与部分或部分与整体的比率，或者描述某物体与另一物体的比率；而尺度指的是物体或空间相对于其他相应物的绝对尺寸或特性。这样的定义，使得在比例不变的情况下尺度可能会发生各种各样的变化。

    比例通常会被说成是令人满意的或不满意的，而尺度则说成大或小，如尺寸"不到"或尺寸"太过"了。对一个物品的设计必须在尺寸、形状和重量间有一个适当的相对关系。如果设计的物品非常大，那就会因为看上去笨拙不堪而破坏整个外观；如果设计得很小，又会看上去不够醒目。同样，在一间低矮的小屋中放置巨大的家具让人感觉不舒服；反之，在一个高高的、面积够大的空间里，一件大型的家具则会显得恰到好处。

    我们经常采用"黄金四边形和黄金分割"进行设计（图 3-15）。在室内设计中，正方形的比例不如长方形，方形的房间确实会产生很多设

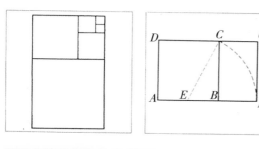

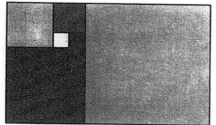

图 3-15

图 3-16

计上的问题，其中之一是难以避免的对称性，另一个则是家具的长方形外观与屋子正方形边界之间的不协调。利用黄金分割法有助于决定房间的比例，决定窗的外形和装饰线条安排等的设计特色，确定房内家具的尺寸、外形和摆放位置。颜色、材质、样式和家具摆放的巧妙运用也可以在视觉上改变或改进空间比例。

3.3.6 个性化

个性化就是不同于他人，有自己独特的地方，个性化就是突破原有规律，标新立异，引人注目。在大自然中，万绿丛中一点红，夜间群星中的弯月，荒漠中的绿地都是独特的表现。个性化具有比较性，其程度可大可小，须适度把握。这里所讲的规律性是指重复延续或渐变近似的陪衬作用。个性化是从这些陪衬中产生出来的，是相互比较而存在的。在室内设计中，特别推崇有突破的想象力，以创造个性和特色。"风格即人"，设计要有独特的风格，切忌千篇一律。千人一面的设计是缺少个

性的，也是没有生命力与艺术感染力的，个性化的构思就会使设计以新奇制胜。

个性化空间环境是指有别于其他空间环境的特点，它体现了客户的个性。通过对房间的分析，我们可以确定房间的装饰风格、装饰特点而使空间环境具有新奇效果。如图 3-16 中利用自然的材料作为装饰元素，通过材料的变化而产生了一种自然的环境氛围，从整体到部分，再到细部，加以新奇的、巧妙的构思。个性化风格的确认其最终真正的决定因素是住户，当住宅设计符合住户的需求、兴趣和偏好时，个性也即特性就会自动形成。

3.3.7 多样性

多样性是每一个客户期望的，也是可以激励设计者工作热情和增添创造活力的原动力。

多样性包括大部分的设计要素——空间、外形、线条、材质、灯光和颜色，它们是设计的源泉，并且可以产生极其丰富的变化。如果多样

/ 091

图 3-17

图 3-18

性处理不好，则会相互冲突。因此必须保证在统一性的前提下很好地把它们融合在一起（图3-17）。

（1）简洁

简洁或称简练，是指室内环境中没有华丽的修饰装潢和多余的附加物，以少而精的原则，把

图 3-19

室内装饰减到最低限度。"少就是多，简洁就是丰富。"室内陈设艺术可以少胜多，以一当十，多做减法，删繁就简。简洁是室内陈设艺术设计中特别值得提倡的手法之一（图3-18）。

（2）仿生

仿生是指用人工手段，对自然界中的生灵之物进行仿造，作为装饰运用于环境设计中，或原样复制，以假乱真。设计中运用仿生的目的在于增加生活情趣，引发人们的遐想，满足人们回归自然的愿望，创造神奇的童话空间等。在现代设计中，越来越多的设计师利用现代材料及高科技加工技术，创造出丰富多彩、引人入胜的理想仿生环境（图3-19）。

（3）丰富

丰富是相对简洁而言。简洁是室内陈设艺术中特别提倡的装饰手法。这里所指的"丰富"是要在简洁的前提下，要求其装饰风格更加丰满、多姿、精彩，呈现出有情趣的美感效果。如在室内设计同种风格的前提下多加一些点缀物，在装饰处理上有更加深入细致地描绘，就能增加环境的层次，产生艺术效果，给人们留下深刻长久的回味（图3-20）。

（4）景观

优美独特供人欣赏的景致称为景观。指室内空间环境中，根据室内环境陈设风格的需要，在地面或顶棚处设计制作引人入胜的陈设艺术品或悬吊饰物（图3-21）。景观是室内陈设中的集中点、焦点、视觉中心。它以自身的陈设魅力，给人们美妙遐想和精神上的满足。景观可以通过对重点墙面根据需求精选陈设物、巧妙地布局来

图3-20

图3-21

集中表现。由于景观的种类繁多，材质丰富，构图多样，配合灯光的处理，可以呈现出华贵、朴素、典雅、温馨的艺术效果。

思考题

1. 室内设计中形式与功能的辩证关系是怎样的？

2. 平衡原理在室内设计中适合哪些地方？

3. 在室内设计中，哪些地方需要重点表现？

4. 简约设计与简单设计有什么不同？

5. 试一试采用设计的原理做一些简单的设计。

4

设计规划与实践

设计规划

程序设计

实施设计

施工与安装

设计管理

界面、细节设计

The Principle of
Interior Design

4.1　设计规划

　　成功的室内设计作品，要通过系统的规划与设计过程来处理解决每一个问题，以保证设计不会因为匆忙做出的处理决定而忽略重要的具体细节，造成设计上的遗憾。设计者从委托人（客户）处得到设计委托后，首先要详细调查用户的使用要求条件及建筑空间的制约因素，把这些整理好后再开始工作，建立起设计的基本方针，这就是基本规划。

　　"规划"并不是瞬间能够完成的，而是要经过一定"过程"才能编制出来。一般规划过程可以分为规划、设计、施工、管理四个阶段。

　　规划是指包括设计过程的评价在内的，用多种方案分析、比较设计的可能性。对室内空间目的的设定、所需规模、所需预算等进行综合评价，重点在使用需要及采用方案的经济性方面进行分析评价。根据评价结果选定前提条件，然后进行设计。

　　"设计"的过程可以划分为"设计主体""设计操作""设计对象"三个因素。

　　"设计主体"可以说是根据设计操作程序逐渐接近目标的过程。设计主体是指从事设计的个人、单位或集团。

　　"设计操作"是指对于设计时收集的客户各种信息，为了达到设计工作的目的而进行的操作。

　　"设计对象"是指为明确设计的具体形象，最后表现在设计图纸文本上的信息集合。

这些设计工作的系统因素随着设计过程的进行而变化，并作为设计因素而被保存下来。

设计是在有限的时间与劳动力条件下进行的，即对设计各个阶段进行规划、管理，在期限内达成设计目标，它既是我们所希望的工作方法，也是规范的工作程序模式。设计工作当然是必须连贯进行的，但大多数情况下可以将不同性质的工作划分阶段。作为设计者必须充分了解其特性，掌握每一阶段的工作内容。

室内空间设计完成的过程大体可分为以下阶段：规划、设计、预算、订货，施工，生产。这其中与设计人员相关的是规划、设计部分。

这一部分可详细划分为初步计划、方案设计、实施设计三部分。

对于设计工作者来讲，信息资料的收集、整理在设计工作中是非常重要，也是相当必要的。作为设计师最好是在平时把设想的各种问题记录下来，并将其分类整理，为将来使用做好准备。如室内装修材料知识、商品信息及其他多方面资料，都应事先加以收集整理（图4-1）。

与此同时，要善于从设计中发现问题，分析问题，整理并解决问题。发现问题并找出解决办法是非常重要的。但是，没有必要对所有信息进行面面俱到的整理，只取其有关的部分就可以了。

当然，现实工作中由于存在着各种各样的制约，不能保持设计初衷的情况也很多。设计师就是要在这些制约的情况下，寻找和尝试某些解决的办法和手段，这有非常重要的意义。当然，实际的设计结果是最重要的资料，至少应该把与自己创造的成果相关的信息资料整理、积累起来，这样可减少工作量。

在室内空间的设计中，一般把工作归纳为四个阶段：

图4-1

第一阶段，要充分考虑与其他设计的相关关系，力求做到一致。首先要抓住所要设计的空间的体量，按照功能要求划分几个区域，在考虑各空间相互位置关系的同时，在可能的体量中，合理巧妙地对各区域进行归纳，选出最佳方案。

第二阶段，确定具体尺寸阶段。在进行调整的同时以洞口部位的大小为中心，确定各建筑局部的形式。另外，还要考虑与高度的关系，决定各室内空间的基本比例。在这个阶段应决定室内空间的基本框架。

第三阶段，选择各种室内装修配件，决定布置方案。因为这直接影响服务对象的生活，所以方案的确定不仅要以视觉因素为重点，还要充分反映居住者的生活方式。

第四阶段，在已确定基本框架的室内空间中，为了更有效地发挥其功能，还要考虑在一定程度上有改装的可能性，这也是决定建筑各部分如何装修的阶段。具体来讲是确定材料的质量、色彩及其组合、与建筑物结合的详细方法等。这一阶段，既要考虑表面所显现的色彩及形状，还要对其内部的、维护空间功能的材料的强度、耐久性、安全性等主要方面进行通盘考虑。

（1）设计项目说明

设计项目说明就是对设计项目做出明确清晰的设计说明。首先，设计项目说明应简要表明客户项目名称，项目所处的环境、位置，项目的性质、规模，设计的面积、范围大小以及最终目的等。在此阶段，具体的细节还未做深入研究，设计项目说明只是明确需要完成的任务，将具体规划整理成文以征得客户的同意，并将项目相关的信息和目标的收集、组织、分析和记录形成文字。

在客户的要求条件中，既存在着表面的内容，也有潜在的内容；既有具体要求，也有抽象要求；既有矛盾点和不合理点，还存在着技术上、经济上不可能实现的要求等内容。设计者应该把这些问题进行分门别类整理，找出客户的真实要求，根据过去的经验与新的信息提出适当的建议，使客户明确自己所需要的居住方式与空间印象。

（2）项目程序编制

对设计任务的全面理解开始于程序编制，即对项目实施的各个方面的进展日期做出组织规划安排。这是整个过程的研究阶段，在此期间设计师应与客户对某些问题进行沟通了解，对各个方面的事实数据、标准、目标、项目的限制规定等，都应了解到位，其中包括将使用建筑的环境位置，以及可获得的资源等。这一针对设计目标和任务的初步调查和研究亦称规划。它能确保客户和设计师双方对设计任务，以及客户和设计师的设计方案和目标都有明确清晰的认识。

设计方案的完成始于对设计任务的分析，应该由设计师起草编制计划，并与客户沟通、协商达到双方的认可，并签署协议，然后开始施工。规划一个令人满意的设计方案其最终目标是符合独特、实用、美观和经济的原则，准确到位的规划能为设计任务的完成打下坚实的基础。

与了解居住者的要求条件并行的，是对建筑空间的制约条件也要进行必要的归纳与研究。这一阶段大致可分为以下三种形式：

①从建筑设计一开始，室内设计人员就参与进来。这是一个比较理想的设计环境，设计师从建筑开始就进入基本分区的阶段。室内设计人员把各房间的大小、室内净高、洞口位置与大小等与房间的使用目的进行协调，在对家具布置、设备选择、摆放位置等与人的动线、视线相调和方面做出决定。在这种情况下，空间的制约条件较少。

②在建筑设计的基本框架（平面、立面、剖面等）完成阶段参与进来。这样的设计是目前常见的设计形式，在建筑基本框架下进行设计，虽然隔断、房间大小、形状、洞口位置和大小已经确定，但内部装修及家具摆放，设备器具的种类、位置等还没有确定。由于建筑的构造及房间的洞口部位等条件的限制，经常会产生一些使用不便的制约。

③建筑设计完成后，或是建筑物建成后再参与进来。这样的情况主要以改扩建建筑物为对象，对已建住宅或公寓的改装所遇到的制约条件加以整理，并对内部装修材料及多用插头的位置等进行现场实测，在图面上加以安排。但改造完成后，也存在不少家具把插头和开关的位置挡住的例子。因此，为使各个阶段相协调，要对规模、隔断、房间条件、结构、材料、做法、设备、法规、标准、细部、饰面等各项目进行核实确认。

（3）设计任务书

前面是基本规划的内容，如对客户的要求条件和实际制约条件不能充分掌握，就会在以后各阶段中发生重复、返工等情况。因此，需要在设计实施之前对设计项目的各项内容做一个详细的设计任务书，作为设计内容、要求、工程造价的总依据。以宾馆为例，列举任务书的主要内容：

①室内设备项目。包括闭路电视系统、楼宇智能化系统、电话系统、网络系统、消防系统、空调系统、水暖系统、照明系统、监控系统。

②室内装饰设计项目。包括大堂、楼梯、电梯外间、走廊、大中小型会议室、标准客房、客房卫生间、高级客房、豪华套房、大小餐厅、西餐厅、风味餐厅、酒吧、咖啡厅、舞厅、公共卫生间、商场、商务中心、娱乐设施、内庭。

③室外装饰设计项目。包括门面、建筑小品、庭院、艺术品及其他。

以上是"设计任务书"的主要内容，宾馆的星级不同，其规格造价就完全不同。弄清了内容之后，还要根据具体情况对功能、性质等做大量分析。首先，要了解从事某种活动的空间容量，如室内器皿的设计，既要了解设计的器皿容纳什么物质，以便确定制作材料与方法，也要对器皿的容量进行研究，以便确定体积、大小等数量关系。其次，要结合设计命题来研究所必需的设计条件，搞清所设计的项目，涉及的背景知识，需要何种、多少有关的参考资料。在准备设计阶段，资料收集工作是非常重要的，而且往往占据大量的时间。

4.2 程序设计

在设计过程中，小的项目可能不需像大型的、复杂的室内设计投入那么多的精力。但是，它同样需要对客户的需求做出分析，根据实用功能和美学功能平衡的原则，对室内空间进行规划、组织和创造，并通过完成各个步骤来实现。无论是小项目还是大型工程项目，都应该严格按照一定的方法、顺序按部就班地实施。

4.2.1 设计分析

从方案制订过渡到空间环境设计，设计师必须首先系统地整理、分析和评估收集到的信息。设计过程是一个解决问题的过程，这个过程为组织信息和解决实际问题提供了多种方式。简单的工程可能不需要复杂的方法，但是，设计师应该有条理地处理所有的设计问题，以确保完美地解决问题。如果仓促行事，很可能会忽略某些重要设计目标和目的，而这些目标、目的是客户需求得到满足的保证。

一些基本的设计概念可以作为方案数据分析的基础，包括室内区域划分和朝向、流通、储物和效率的基本原则以及毗邻通道形式、活动关系分析。设计师习惯于用图形表示信息，工程的许多具体数据可以用图表和制图表示。使用多种分析技巧的目的在于将信息分类，研究信息的相似性、形式及相互关系，从而引导设计师找出全面解决设计问题的方法，避免为互不相关的问题或需求逐个寻求解决方法。

4.2.2 设计构思

在设计过程中，分析、整理必要资料，或制作图纸等，都是可见工作，也易于在时间上进行规划和管理。但是设计工作，还要翻阅相关资料以获得灵感和启发；解决难题以及构思、推敲；还有一些不可控制、难以预料的零散的不连续的工作。对设计人员来说，这些都是经常遇到的困难。其中对于探索部分，应该有效地利用资料及检索系统等，以节省时间。

但是，对头脑中潜在的信息、构思等思维工作，是不能依靠工具的，而是应该有意识地加以引导和控制。对于构思意识，应该有组织地利用，"个人构思""集体构思"都有价值。

设计工作的本质并非为了设计图纸及表现成品，而是发现问题、解决问题的思考过程。认识到这一点，就能充分发挥设计能力。设计师首先要解决的问题是空间设计，而空间设计的一般规律是：它必须服从于室内空间的使用功能，根据使用功能的不同，空间设计的构思、布局以至处理手法也是变化多样的。除了要熟练掌握空间设计的一般规律外，还需随着具体环境的不同而灵活采取不同的处理方法。

设计的一般规律如下：

①起始阶段——设计开端。设计要有个性，要有吸引力。

②过渡阶段——设计过渡部分，是培养人的感情并引向高潮的重要环节，具有引导、启示、酝酿、期待及引人入胜的作用。

③主要阶段——设计主体，使人在环境中产生最佳感受。

④终结阶段——由高潮回归到平静，也是设计不可缺少的一环，结尾要使人回味无穷。

4.2.3 概念草图

根据客户的需求，对设计意图进行书面的"概念陈述"，提出解决设计问题的主导思想和方式，为设计目标确定大的方向，也是产生最终效果的目标和结果的基本点。概念草图和书面文字对有关概念和构思做出创造性的综合分析。虽然概念草图不具体说明解决方案、效果和结果，但它对将要实现的设计目标做出简要的描述。概念草图就是将计划和规划进行综合并以具体的形式体现出来。

整理各种要求条件及制约条件并进行分析，决定设计方针，然后以具体的形式归纳到空间中。这一阶段，因设计者采用的方法不同，按一定的规则比较困难，一般是从平面及剖面等的草图设计开始。图4-2、图4-3为赖特的古根海姆博物馆的概念草图与建筑设计效果图。

设计构思的过程中，最初的构思可能产生于"灵感"。各种设计想法不断地涌现，可以不受任何条条框框的约束，这有助于设计师创作灵感的发挥和设计概念的形成，各种念头想法不断涌现，而且往往是一个念头引发另一个念头。

设计师应该迅速地将"灵感"以草图的形式记录下来，设计草图就是把瞬间的"灵感"形成的各种想法，如空间分布、各种关系、具体细节等以直观的画面形式体现出来。草图是设计师对

图 4-2

图 4-3

设计空间的初步想法和感觉具体视觉形式，草图绘制是为了从多个视角研究设计问题并寻求解决方案，其特点是快捷、方便。如果时间允许，设计师应以草图的方式提出多种方案。与此同时，设计师形成解决问题的概念，并以概念方式体现主要设想。一般情况下，在概念形成的过程中，自我审视就可对概念的细化处理做出限制，并把较为具体的概念加以归纳，从而做出进一步的细化处理（图 4-4）。

4.2.4 递交设计方案

选择一个或几个设计方案图纸，包括空间平面规划图、效果图、色彩计划，以及家具、设备、材料的选择等。一个或多个设计概念可能成为递交给客户建议的主体，建议可以是一份初步平面图（由草图细化而成），显示家具的布置、材料和装饰效果，预算费用，以及草图或透视图或完整的立面图（包括 3D 空间视觉效果图），递交的内容、图纸的数量可以根据项目的规模大小而定（图 4-5）。

将初步预算方案递交给客户，获取反馈意见，做出进一步修改，最终获得认可。客户在这

图 4-4

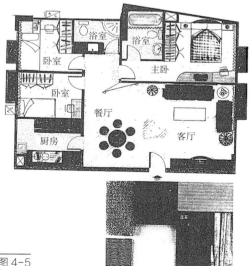

图 4-5

个阶段可能同意或修改设计方案，但也可能予以否决。因此，设计师应该有一个平和的心态，充分展示设计意图和设计思想，以达到与客户沟通交流的目的。

4.2.5 设计方案拓展

设计方案是一种综合性的作业过程，也是把构思变为现实的手段。无论是以风格类型为重点的构思或以色彩及材料为中心的构思，或从空间因素开始的构思，都可以按设计者独特的方法用草图表现出来。

从草图开始，设计师就要对室内功能分区、家具布置、装修设计等进行空间的统一构思，确定空间形式与基本尺寸，以及色彩与材质选择。

设计师除了对空间规划，动线、视线等功能性方面进行核查确认以外，还要对尺寸、材料、做法、性能、结构、设备等从技术层面加以核实确认。有时需要参考各种资料，甚至需要模型及实物图片（图4-6）。

对一般的方案归纳以后，设计人员为了让委托人易于理解设计方案，需要进行一定的方案拓展表现，具体表现方法有以下几种：

（1）平面图、立面图及剖面图

平面图用来表示空间用途及功能，可以了解家具、灯具、饰物、设备器具等在平面上的位置、大小及相关整体布局关系（图4-7）。立面图（图4-8）、剖面图表示出空间的各个方面的关系。

（2）透视图、轴测图、模型

常使用透视图（图4-9）、轴测图（图4-10）或模型向客户展现设计方案，以便于客户对室内空间的理解。透视图要考虑到人的活动状

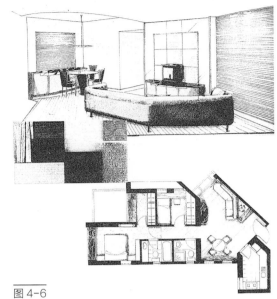

图4-6

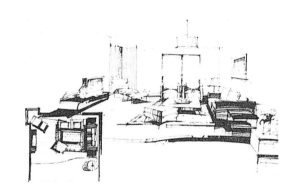

图4-7

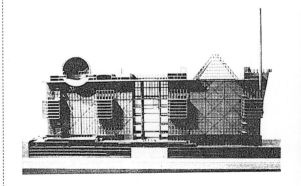

图4-8

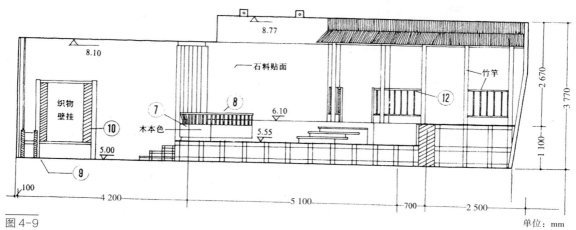

图 4-9   单位：mm

态不同，其视点的位置也不同。模型具有直观及可从多种角度加以观测研究的特点（模型可根据项目的情况而定，一般情况下模型可以省略）。

（3）材料样品、实物、照片

为了让客户更具体地理解室内空间形式，可以把实际使用的内部装修材料及构配件的照片、实物、样品（图 4-11）等提供出来。由于小样品或照片不易使人完全理解，因此还是尽量以实物为好。如有实际案例供客户参观，则效果更佳。

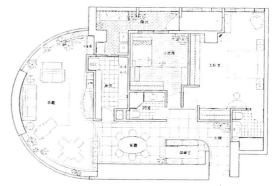

图 4-10

其他表示方法、设计宗旨、概略图等，对室内设计的构思、特点等都应该尽量用简洁明了的图纸来体现。此外，结构与设备也同样应该用一目了然的图表来体现。

把以上资料排列在版面上向客户提交，以获得客户对基本空间构成理想状态的了解。同时，用多媒体手段进行演示可以多视点、全方位地展示设计思路。总之，每个设计者都应该下功夫创造出易于说明、易于理解、易于让人接受的表现手法（图 4-12）。

在展示具体设计时，必须附加预算方案（预算书）。一般要提出 2~3 个与预算标准相符的方案。

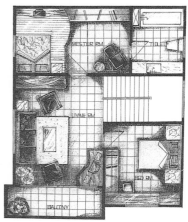

图 4-11

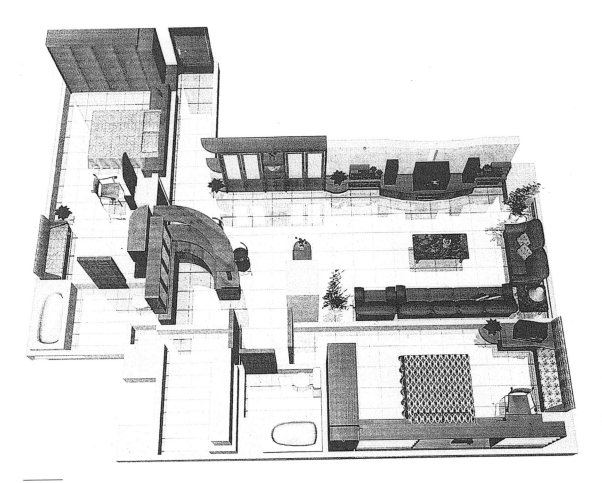

图 4-12

4.3 实施设计

当设计方案被客户认可后，设计师首先要把抽象的要求条件归纳为具体的形式，以决定基本方针，并开始进入方案的实施设计阶段。方案实施以做出生产及施工所必需的预算，制作出正确、易懂的施工图纸为目标。基本设计中所决定的空间与设备，应该把具体尺寸、材质、做法、构件组装等内容在图纸上详细标出。室内设计通常要绘制出以下图纸：

①平面详图（比例尺：1∶50）。

②顶棚详图（天花板）（比例尺：

$1:50\sim1:20$）。

③立面详图（比例尺：$1:50\sim1:20$）。

④局部详图（比例尺：$1:20\sim1:1$）。

⑤设备图。

⑥家具详图（比例尺：$1:10\sim1:5$）。

⑦装饰设计。

在施工现场，施工者是依照设计图纸进行施工的。因此，要特别强调设计图纸需要得到使用方与生产加工方两方面的确认。这一阶段来自使用方的核查确认是指安全性、方便性、耐久性等方面，从而决定尺寸、形状、材料、组装、质感、色彩等。另外，来自生产方的核查确认则是指材料的获取、有无库存、加工方法、费用、维护等重要项目。

4.3.1 设计详图

室内装修做法一览表是把各室内地面、踢脚板、墙面、顶棚的装修材料、底层材料的种类、涂饰种类做出简洁明确的记载。特别是隔热材料

的使用部位和做法也要明确标示出来。涂料种类用已确定的透明漆、油漆、乳胶漆等记号表示，其他构件的装修做法也应该在一览表中明确表示。标准的装修表一般用一览表的形式来表示。

（1）平面详图

平面详图是实施设计文书的中心内容，因其需要表示的内容较多，所以连细部都应尽量正确地表示出来。把详细尺寸准确、易识地表示出来是非常重要的。

如果某些部分要进一步详细表示，就应该另外绘制放大比例的图纸。地面高差从基准面起以正（＋）、负（－）号表示，比较方便（图4-13）。

（2）顶棚（天花板）详图

顶棚详图是为了表示顶棚的设计意图与其所要求的安装的机械设备的大小及位置，要把铺贴木板、板材饰面的位置、铺贴方向、画线定位、接缝的种类、压条及顶棚四周边框的材料与

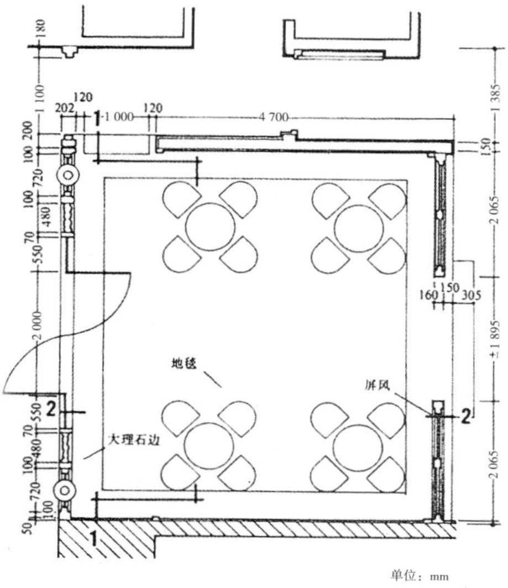

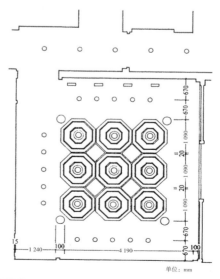

单位：mm

图 4-13

单位：mm

图 4-14

截面形状都标示在图中。住宅中顶棚装置也就是灯具之类，须表示出正确的位置与嵌入的尺寸（嵌入灯具的情况）。住宅顶棚平面图标示的内容不是很多，有些被省略了，但是质量高的室内装修设计必须全部标示出来（图4-14）。

（3）立面详图

立面详图是对墙壁构成的内容加以说明，是室内装修设计中非常重要的图纸。它表现了洞口部位的大小与位置，装修构件的种类，边框、踢脚板等的制作，固定家具，装修范围与定位，有无接缝等内容（图4-15）。另外，各种设备的固定位置也应在此图中标示出来。特别是要对开关、插座的位置标出尺寸，明确地标示出来。立面图的详细尺寸只标出高度、方向即可。水平方向的尺寸在平面详图中已有标示，无须再标示，

以免重复。对于整体设计文书来讲，同样的内容如在不同文书中重复标示，容易在变更或订正时漏掉，所以应该尽量避免。

（4）剖面详图

剖面详图是详细说明结构纵剖面的重要图纸。地面标高、层高、檐口高、顶棚高、内部做法标高、洞口部位标高等都要由此图决定。

剖面详图与结构图（结构平面图及截面表）之间有非常强的关联性，因此，要想画出正确的剖面详图，构造与施工的知识是不可或缺的（图4-16）。

另外，屋顶、洞口部位周围的防水也很重要，它们和内外主要收头部分都要在剖面详图上加以标示。剖面详图不是以建筑整体剖面的标示为目的，而是大多只选取必要的部分加以标示即可。

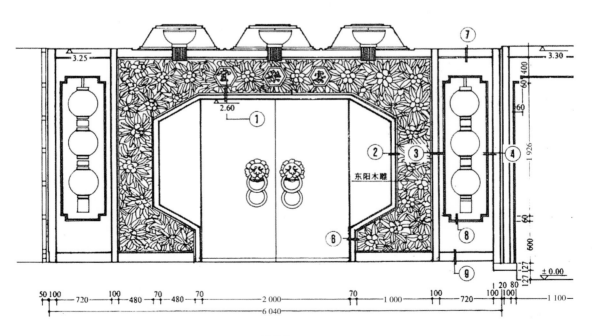

1:1 立面

图4-15

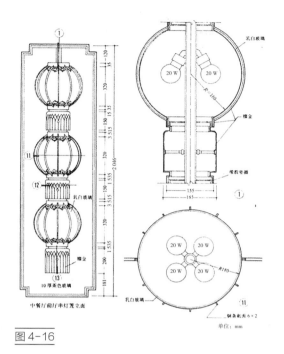

图 4-16

（5）局部详图

　　如上述的图纸中还遗留下一些设计意图未能充分表达的部分，那就是楼梯、洞口部位边框等处的细节及特殊组装的详图，这些细部称为影

响室内装修设计的要点。应该把一些特殊的局部挑出来加以详细说明，如有必要，可按足够尺寸（1：1）画图标示（图 4-17）。

（6）门窗图

　　门窗与家具一样，因规格不同造价会受很大影响，所以有必要制作出详细规格的说明书。即使同样形状的光板门，由于其门芯的构造、装饰板的种类与厚度、涂饰的样式、镜子及把手、轴的种类等不同，预算价格也会有很大的不同。特别是小五金，包括进口商品在内，种类很多，难以选择（图 4-18）。

（7）设备图

　　因设备图多数情况是委托设备专业设计师设计的，所以建筑图与设备图两者常常会互相脱节。但是，设计师对其设计内容不清楚是不行的，最低限度应该能正确地看懂图纸。在现场管理中，与设备专业施工人员商量解决问题的情况很多，如不懂专业用语，则很难商谈。一般住宅（独立建造）不会使用太复杂的设备，最好做到

1:1 立面

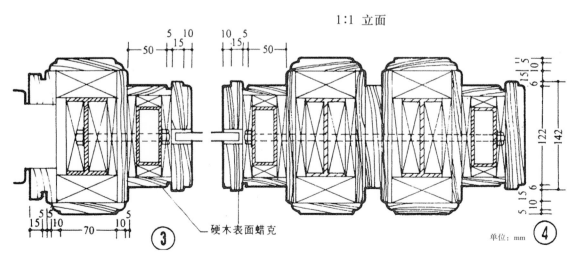

图 4-17

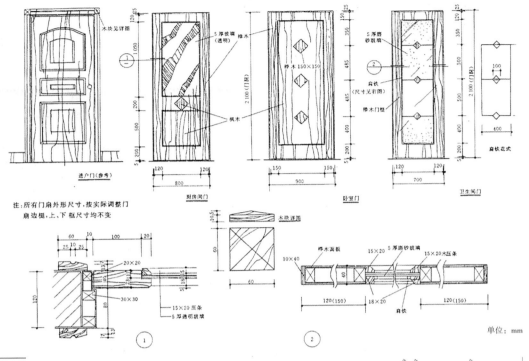

注：所有门扇外形尺寸，按实际调整门扇边梃、上、下框尺寸均不变

单位：mm

图4-18

会画电气设备图，给排水、供热及卫生设备图等（图4-19）。由于建筑图与设备图之间的不一致而阻碍工程进展的情况很多，因此互相之间认真加以对照、核实是非常必要的。

（8）家具图

　　主要是用详图表示固定家具与特别定制的活动家具的设计、构造及规格。家具因材料、涂饰、小五金规格不同，对预算价格会有很大影响，所以要预先明确。另外，由于同样的形状也会有各种不同的构造，所以要简洁明了地标示出其具体内容。不过，对于家具的构造与涂饰有相当了解的设计师很少。在制作上，要向制作者提出详细制作图，原则上最好避免用室内设计图制作（图4-20）。

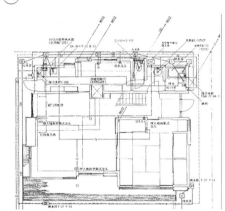

图4-19

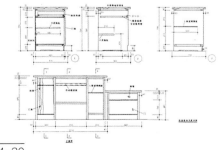

图4-20

（9）装饰设计

装饰设计在室内环境设计中有着很重要的地位，当我们挑选了色彩、线条、质地和图案，并将其应用于某一设计的表面，对其进行美化和装饰修饰时，其结果就是装饰设计。有的设计完全是结构性的，然后附加于装饰设计上，比如在一把椅子的椅腿上雕刻上叶形装饰或芦苇形。我们在室内环境中除了对界面进行造型装饰美化以外，对可移动的物品也要进行装饰设计，如陈设品、绿化、艺术品等（图4-21）。

4.3.2 设计文书

设计图与设计说明书等文件总称设计文书。设计文书有在基本计划阶段（对委托人）做成的与实施设计中（对施工人）做成的两种，这里要论述的是后者。制作设计文书的目的，第一是为了正确提出工程造价。在以承包为原则的建筑工程中，工程造价必须得到委托者、设计者、施工者三方认可，否则不能开工。因工程承包人是根据设计文书内容做出预算书的，如果设计文书中有缺点和错误，就会影响预算的正确性，因此，必须特别注意。第二是为了使工程从整体到细部能准确地按设计进行，对于文书中没有涉及的部分，施工人员可以在现场做适当的调整与处理。特别是在室内装修工程中，因影响到细部的做法的准确性，一定要明确表示出应该指示的内容。但是，如果过分详细，有时反而会忽视重要的部位。总之，应该熟悉、理解各种文书的作用，把必要的内容简洁明了地表示出来。

在对某一设计概念达成共识之后，项目进入到更为具体的文件编制过程，包括施工图和预算明细表。最后递交的施工图应包括平面图、立面图、

图4-21

剖面图，以及设计施工所必需的图纸说明等。

预算明细表列出并明确说明需要采购的材料、设备等，以及油漆、饰条、墙面贴面、门或窗等的清单，每种色彩、材料的具体类型、风格和布局，每一个具体要求都应作为项目的一部分以文件形式记录。同时，项目完成的时间表也是书面协议或文件的一部分，这些都是为客户所提供的设计服务的必要构成部分。

4.3.3 成本估算及预算

室内环境设计成本对设计至关重要，尤其是住宅设计，房价的上涨比中等收入家庭的收入增长要快。住宅通常是一个家庭所购的最大商品，所以在设计中不论是新建还是改造住宅，精确地估算成本是非常重要的。在住宅建造或改造中，厨房、浴室之类的费用相对比较高，因为这些房间需要特殊的设备、嵌入式橱柜以及布管道和线。建造其他诸

如地下室、门廊、车库或车棚之类的区域就相对便宜。预算包括材料费、劳动力费用以及设计费、工程管理成本和利润。在设计图和规格说明中要详细说明设计方案和待购物品，从而给出明确报价。

在设计初期和整个过程中都应该采取措施控制成本。

4.4 施工与安装

施工和安装，包括选择承包商、施工进度安排、现场监督以协调施工的进展，设备和材料的订购、购买和安装，并且解决其他有关问题。

设计师的下一步任务是将设计方案变成现实。必要时，对项目的各个部分进行招标，发出订单，购买材料设备。在收到采购材料后，应予以检验，并标明在项目中的用处和布局方位。损坏的材料或进行修补或重新订购。提出另一个时间进度表以协调各项工作按计划顺利进行，从而确保施工按时完成。对木工、管道工、电工、油漆工、砖瓦工和地毯铺设工、糊墙纸工和窗帘帷幕安装工的工作都必须做出统筹安排，以免互相干扰。

室内设计能够实现的具体表现，就是施工和安装。设计师和客户实现各自的愿望要依靠设计、材料、工艺技术的实施体现出来，这也是优秀设计的基本保证。

（1）材料与施工

只有在客户接受装修完成，并开始使用后才能真正感觉到室内设计的意义。

室内施工的种类大体上可以划分为粘贴法、涂饰法、铺设法。它们因施工方法不同、使用的材料不一样而相区别：

①粘贴法：包括粘木板、石材、面砖、薄板、板材、墙面材料等。

②涂饰法：指灰浆、涂料等的粉刷喷涂。

③铺设法：指地面上铺设地毯等。

除了上述分类之外，还有根据特定功能材料的性能进行的材料划分，其中有隔热材料、吸声材料、隔声材料、防火材料、防水材料等。选择时应该按适用场所选择适当的材料，充分控制造价，并掌握材料的构造方法和性能。

施工材料中，天然材料如石材有自然颜色和花纹，而大多数的材料却有经人工加工的色彩与花纹。因此在决定装修材料时，不仅要了解材料的性能，还要精通市场上流行材料的颜色、花纹、材质等视觉性能。

（2）节点处理

室内空间与人体接触的机会多，人的眼睛会看到细微的地方，因此，空间构成的细部的好坏，在很大程度上会影响对整体设计的评价。我们评价一个工程质量品质的好坏，往往不是只看表面效果，更多的是看这些节点细节的处理。因此，节点的处理在施工中起到至关重要的作用。另外，由于在室内空间中使用多种多样的材料，其相互之间的连接就会出现凹凸或接头部位，这就需要我们对细部的节点与连接处加以充分考虑。

节点与材料之间的连接首先要在设计上加以考虑，另外，与施工和生产等构造方法方面及隔声、通风、防水等性能方面也有密切的关系。从安全性、感触性等使用方面出发，也应该合理地处理节点问题。

室内空间除了地面、墙壁、顶棚等室内构成因素以外，还有其他一些补充因素（构成材料），或是由材料、构配件等各方面的因素组合。节点就是指各种因素之间的"接点"。这不仅有性能不同的组合问题，也有因材料、施工方法等的不同需要进行相互调整的问题。因此"节点处理"也可以认为是对性能、材料、施工方法的调整。

在施工中对材料与材料之间的节点处理非常重要，它往往还会弥补设计和材料的不足，因此，这就需要对节点处理进行合理的归纳和整理，包括：

①不同室内构成因素之间的接点。

②材料、构配件的接缝。

③构成材料（因素）的端部。

当地面、墙壁、顶棚、洞口等不同的构成因素连接时，所要求的性能、材料、施工方法是明显不同的。一般来说，在此处或采用"空隙""留缝"等"躲避"方式来调整，或使用镶边木、线条等进行调整。

除以上方法之外，节点处理的基本技法还有像扶手、桌面板或门的边缘那样，对其端部进行处理。这种端部处理与其他要求没有关系，优先考虑的是与人体的接触和视觉上的美感。一般根据剖面形状来决定其性质，因此，应该优先考虑关于人的动作、使用方法或视觉上的要求。

4.5　设计管理

室内设计师常常为项目提出一个严格的时间框架，规定每一项任务完成所需的时间，有时甚至包括开工和结束的具体日期，以及前后项目的顺序，与此同时还有质量和经费的控制管理。在许多情况下，客户尤其是非居住的或商业客户，会提出装修的建筑具体交付使用的日期，这样的话，设计师就必须以日期为界限，以倒计时的方式确定设计过程每一步的实施时间。如项目到期未能完工，客户就会不满，引起纠纷。即使事先未定出完工的具体日期，但客户仍然希望了解项目施工的具体时间安排。

4.5.1　设计监理

在按设计方案进行施工期间，室内设计师必须经常到施工现场检查以确保施工质量，给分承包商以必要的指导，解决施工中可能发生的问题，这就是设计监理工作。准备一份明细表以便于检查承包商或分承包人各自必须完成的任务。最后，在设计师的协调和监督下，家具安装完毕，配饰安放到位，从而顺利交接。

安排有序的工作方法和项目管理能力反映了一个职业设计师的水平，是给予客户效率和质量的保证。用户满意度和用户环境适合度的测定，给了设计师根据需要做出调整或修改的机会，由此可对项目做出改进，并为未来的项目设计积累专业知识。

4.5.2 成本控制

简单的房型包含的空间最大而建筑成本又最低。房型越不方正，墙壁和地基的周长就越大，甚至长方形的房型也会增加成本。生活用设备可以集中安置以减少支出。例如，相邻房间中的管道可以背靠背安置，多层设计中的管道则可以层叠安置，所有的设备都可以安置在一个集中的地方。

另外，使用标准部件设计，如门、窗框、楼梯、橱柜，以及现成材料，可以节省材料和劳动力。利用气候因素降低供暖和制冷成本，选择容易保养的耐用材料和设备以及灵活、适应性强的非固定设计可以降低长期成本。好的设计并不是说比差的设计昂贵，而是其价值往往会随时间的延长而得以体现。设计师还应该考虑现有资源，一份现有物品的清单可以帮助设计师做出保留什么、需要什么的正确决定。家庭个人掌握的技术、爱好和创造力同样也会起到作用。例如，一些旧家具可以整修，新家具可以打造，引人注目的装饰品、工艺品可以提高个性化的品位。设计师所选的材料和漆面应能保证保养与审美需求达到平衡。例如，硬木地板所需的保养最少，却能长时间保持材质的温暖度与美观。

节省劳动力的装置可以使住户有更多的时间和精力从事自己感兴趣的事情。但是，如果设计不合理，就会事倍功半。比如，厨房的不合理设计会使用户花在烹饪上的工夫加倍。设计合理的厨房可以提高烹饪效率，同时又能增加烹饪的乐趣。

在预算及家具的生命周期成本计算时，不论是初期成本还是持续成本都不应被忽略。设计师必须切实考察预算方案，算出每个时期可用的经费，这时，设计师通常必须清楚地预见可能出现的结果及物品的潜在价值并做出调整。生命周期成本计算是一个重要的考虑因素，如要花费多少才最令人满意。设计师的任务就是使每一阶段的设计都尽可能地完善、适于居住并能满足不断变化的需求。

4.5.3 项目跟踪与评估

无论是进行正式的还是非正式的查访，居住使用后的评估是设计过程中的一个重要步骤，要以用户满意度为准则，而不是凭设计师身份自行评估。设计师在施工完成后，应继续进行跟踪检查以核实设计方案取得的实际效果。为确保设计的最终目标，并达到用户要求，设计师应在完工后的 6 个月、1 年和 2 年后分别对项目进行检查，对设计问题做出评估以确定计划完成情况。追踪评估应该由设计师和客户双方共同进行，客户入住后的评估可以用问卷的形式进行，也可和客户一起到现场进行检查观察，或通过口头方式取得反馈意见。评估时可以请同事或同行人士参加，以确定项目是否确实达到了设计目标。反馈信息对设计师在专业方面的提高和发展具有重要意义。

4.6 界面、细节设计

4.6.1 墙面设计

墙担负的基本作用是隔断。它除了隔断人们的视线以外，还控制空气的流动、声音的传播、热量的移动，其控制标准可以作为墙的性能来考查。墙大致可以分为三类，其各自功能要求如下：

①外墙。外墙分隔室内和室外，因为要抗风、雨、日光、热、声等的影响，需要具有一定的耐水、耐气候、隔热、隔声等性能。另外，外墙作为庇护物还应具有防范外敌和抵御火灾的性能，具备一定的耐破坏和耐火性能。

②分户墙。分户墙分隔连续的住户，应该确保各住户的安全性和私密性，隔声和防火性能也是必要的。

③房间隔墙。房间隔墙分隔住户内各个房间，由墙隔离视线，并隔离声音。

墙除具有以上功能外，还有其他特殊用途，例如，厨房、厕所（图4-22）的墙体除耐火和耐水性能外，还要求具有防水性能。另外，钢琴室、音响室的墙还需要具有隔声和吸声性能。

现在，墙壁的传统构造方法逐渐发生了变化，以干式施工法为主。以前由泥瓦匠施工的湿式法，因工程需要底层、中层、面层等多种工序，施工人员要有一定的熟练技能。而近年来使用板材、壁纸等材料，由普通施工人员就可以施工，贴墙装修法成为主流。这种方法的特点是施工快、造价低，但缺乏情趣。

墙壁是室内环境主要的界面，它的装饰效果的重要性不言而喻，墙面的变化不仅丰富了室内

图4-22

图4-23

环境气氛，同时也改变了建筑原来的单调性。材料的不同、色彩的变化、造型的变化都会给空间带来全新的视觉效果（图4-23）。

4.6.2 顶棚（天花板）设计

与墙、地面相比，顶棚几乎没有触觉方面的要求，在较多情况下只在视觉方面起作用，而且在构造方面也不太受限制，因此在造型方面比较自由，施工也相对较为容易。顶棚的功能要求是覆盖屋顶内部，并创造出造型优美的表面。住宅顶棚的形式是多种多样的，它具有丰富空间功能的效用。顶棚所使用的材料多种多样，不同的空间环境所采用的材料、形式、施工方法也不一样。顶棚还具有室内的保温功能，顶棚的隔热构造，可以为室内提高供暖效能。为了提高其隔热性能，除使用隔热材料外，还要尽量减少缝隙。

室内吸声原采用由地板、墙、顶棚同时作用的形式，但现在一般多采用顶棚填充材料进行吸声。影响顶棚安全性的主要问题是顶棚强度不足和安装不当以致产生掉落现象。另外，近年来防止火灾方面的安全性能也成为顶棚设计重要的课题，特别是厨房等使用火的房间更要加以注意，当然其他房间的耐火性能也是非常重要的。此外，浴室等处的顶棚则还必须具有一定的防潮性能。

顶棚可分为吊顶式和直接式两种。吊顶式是指从建筑物的主体吊住顶棚的底层（图4-24），在其上面进行装修；直接式顶棚则是把建筑物的主体直接做成顶棚（图4-25）。

现在的房间顶棚多是直接在钢筋混凝土结构主体上装修。直接式顶棚造价低廉，无须在顶棚内预留空间，可以充分发挥房间的空间功能，但由于结构材料的材质制约了顶棚的形状，很难进行自由的艺术造型设计。

吊顶式顶棚施工复杂，且有时会产生震动，因此要在吊顶和墙壁之间设置周圈固定龙骨，解决震动问题，周圈的边框则成为吊顶和墙壁的分界线。吊顶式设计可以产生丰富的空间层次。

4.6.3 地面设计

地面起支持人及家具、机器设备等的作用。

图4-24

图4-25

地面因主要供人行走，所以其最基本的要求是平滑。另外，由于它是通过触觉与人直接相联系的，所以比起墙和顶棚，它与人们的生活更加密切。地面最基本的条件之一是易行性。不易行走的地面不仅使用不便，也是引起人疲劳的原因。易行性不仅与地面材料有关，而且与人所穿的鞋子相关。在铺满石材的硬质地面上穿硬鞋行走，则容易疲劳（图4-26）；反之，光脚在长毛地毯上行走也是不易的（图4-27），易行性由缓冲性和反弹性的相互作用来决定。

安全性是地面性能中最重要的内容。地面过滑人容易摔跤，所以当选用地面材料时，首先要考虑其安全性。此外，材料的防火性能也会影响到安全性。

图 4-26

图 4-27

图 4-28

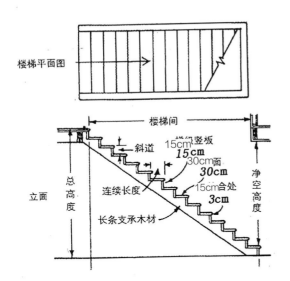

楼梯平面图

楼梯间

斜道

15cm踏步竖板
15cm
30cm面
30cm
15cm合处
3cm

连续长度

长条支承木材

立面

总高度

净空高度

图 4-29

图 4-30

由于行走时产生的声音与震动不易解决，因此应该充分考虑地面材料的吸声性能和发声性能。同时，作为地面材料还要有耐久性，由于这关系到材料的耐磨损性与耐污染性，因此应该从材料成本和运费两方面来选择材料。

从结构方面来看，还要注意地面的抗荷载性能和抗冲击性能。耐火、防火、耐水、隔声性能等都是随着住宅的高层化应具备的重要条件。

地面有高出式和平齐式两种形式。高出式如图 4-28 所示的地台、日本的榻榻米形式，高于地面，且比平齐式更富有变化。目前大部分地面还是采用平齐式的方式处理。为了改进平齐式地面的单调性，人们常常选择变化的地砖、木地板、石材等来丰富地面。

4.6.4 楼梯及洞口设计

（1）楼梯

楼梯在室内环境设计中逐渐成为主角，由于它占据了地面空间，人们对楼梯的设计改造就更加注意。楼梯不仅具有上下使用功能，而且好的设计还可以起美化空间环境的效果，成为整体环境中一道亮丽的风景。楼梯设计首先要符合使用的基本要求（图 4-29）。

①留有足够的顶部空间 1 800 mm 以上，栏杆高 900~1 200 mm。

②楼梯宽度至少为 900 mm。

③要有充足的照明，底部和顶部都应设置照明开关，楼梯和周围环境对比要鲜明，让人能明确区分。

如果层高为 3 000 mm，那么根据实际的梯面深度，家庭住宅中一段楼梯的水平投影（梯面除去其突出的前缘）总长度大约是 4 000 mm。这段楼梯包括 15 个踏步竖板和 14 个梯面（随着踏步板高度的增加，要正常跨步时必须减少踏板深度）。

设计时应该去掉不必要的台阶。设想一下，如果把洗衣设备放在距离卧室和浴室有一定距离的楼上或楼下，那就要额外消耗很多能量。对行动不便的人来说，所有的楼梯都是障碍。如果高度无法避免，那就应该设置坡道。如果水平距离为 3 600 mm，其最大倾斜长度是 300 mm，应该至少安上一个扶手（最好两个）。

（2）洞口

在建筑物上设置的门、窗通称为建筑的洞口。洞口有透过和遮断两个相反功能：采光、眺望、通风、换气等连接内外的是透过的作用；遮光、隔声、抗风、防水、防虫、防范等是遮断的作用。门从大的方面可分为拉门、转门、平开门、折叠门、固定门等，应该按使用目的、气候等条件选择使用。

洞口是人们通过、开闭动作激烈的地方，容易产生玻璃脱落、人受伤等日常事故，另外还有采光不足、换气不足等与健康密切相关的问题。

因此，进行洞口规划、设计时必须充分考虑人的活动特性和心理因素，以确保不出现影响健康的问题。

关于洞口的设计方法有多种。根据窗框的大小和材料，取外景如同取一幅风景画进入室内的做法称为风景窗。也有反过来不看外景，只把室外的光线引入室内，采用透光不透视的做法，窗外侧的拉窗和磨砂玻璃就起这种作用。在欧洲，文艺复兴时期曾有过一种称为"盲窗"的装饰窗，只取窗的形状在墙面上作为装饰。近年来，出现了凸窗，以追求广阔的视野和采光效果。

①窗。窗作为决定洞口大小及形状的因素之一，其采光的标准在建筑基准法中有明确的规定。如果是住宅卧室，其窗面积必须在地面面积的 1/7 以上。窗的大小还具有保持室内温热环

图4-31

境的作用，也可以增强眺望、监视等视觉效果。适当的窗户大小、形状及位置可以取得引进室外景观（图4-30）、提高室内开敞度的效果。因此，进行窗的设计时，要充分考虑用户的生活方式和居住心理，做出全面规划。

②门。门的大小首先必须确保开启门所需的空间。另外，门不仅是人的通行口，还要考虑家具的搬入、轮椅通行等方面的要求。关于门的开启方向，以向室内主要面内开、左转向比较合适。灾害时的避难用门要考虑人们在慌乱之中的反射行动，应该做成外开形式（图4-31）。

4.6.5 室内装饰设计

我们挑选色彩、线条、质地和图案的材料，并将其应用于某一设计表面，对其进行美化和装饰修饰，就是装饰设计。有的设计完全是结构性的，然后附加了装饰设计，比如在一把椅子的椅腿上雕刻叶形或芦苇形装饰。其他产品基本上则是以装饰为主的，如瓷雕像或艺术品等（图4-32）。

装饰设计一般指附加的装饰图案应用于一个产品上，以具有更强的漂亮美观感官吸引力。这方面可以采用许多方法，应根据装饰所使用的材料而定。装饰设计的创作源泉包括大自然、人的形体、几何图案、抽象图形，甚至包括技术和人造的物体等。装饰设计要取得成功，必须达到以下几个标准：

①装饰必须与设计内容相符合，对其功能起补充作用，明确显示其功能。如果某一装饰设计掩饰或模糊了目标功能，那它就是不合适的，因为它对目标用途和功能带来了影响。装饰设计还应和产品的特征或风格相适应。不同的时代、地方、文化和技术形成了装饰的不同特点及风格（图4-33）。

②应与所装饰的产品制作所用的材料相符合，并突出其形状和形式。装饰应增强产品的结构设计而不是影响其功能的发挥。应用装饰不应该给操作或使用产品带来困难，它应该与产品所采用的材料和用途和谐统一。一把结实耐用的公园椅子的装饰和美观与躺椅的装饰相比，

图4-32

图4-33

图4-34

图4-35

两者需要采用不同的材料进行不同的设计（图4-34）。

　　③装饰美化应该突出结构点，如茶杯和盘子的边缘，或一把椅子弯脚的弯头部位。装饰设计应有助于一个产品发挥其功能，其方式是突出其边缘部位——把手或其他有助于其用途发挥的部分（图4-35）。

　　④装饰应该与被装饰用品的尺寸大小和数量成一定的比例。装饰图应在尺寸上与产品的大小成一定比例，表面的装饰面积应该与物件的大小成一定比例（图4-36）。

　　理想的情况是，装饰的面积应该采用3∶5、4∶7、5∶8等比例。这些数字代表的是未经装饰部位与装饰部位的比例。

4.6.6 室内绿化

（1）室内绿化的作用

　　①生态调解作用。

　　绿色植物具有吸收空气中杂质的功能，可以净化室内空气。

　　绿色植物具有吸湿功能，可以调节室内干湿度。

绿色植物具有吸音功能，可以减少室内噪声。

　　②环境美化作用。

　　绿色植物源于大自然，具有生命力，可以给室内带来生机，陶冶人的心境。绿色植物的色彩大部分为中性绿，可以起到协调室内各种装饰色

图4-36

彩的作用。绿色，在色彩意义上属休息色，它可以调节人的视觉感官，消减人们工作的疲劳。

绿色植物可以填充空间、限定空间、分隔空间、联系空间、点缀空间。

（2）室内绿色植物的选择

①根据植物生长条件。各种植物均有其不同的属性及特点，选择植物时首先要考虑确保植物的生长条件。要充分考虑到室内光线、照度、温度、湿度等诸因素来确定其安放位置：

阴性类：大丽花、瓜叶菊、茉莉、月季、仙客来、吊钟海棠、报春花等。这类花适于阳光充足的室内。

半阴性类：杜鹃、含笑、桂花、茶花、抽叶藤、凤梨等。这类花适于光线散射的室内。

耐阴类：墨兰、剑兰、春兰、惠兰、龟背竹、棕竹等。这类植物适于光线散射且空气湿度大的室内。

②根据室内条件选择。

根据空间、面积选择植物。植物的大小、体态各异，要根据空间与面积的大小来决定配置的品种及数量。如宾馆等大型公共场所，就较适于放置木本大棵型植物（铁树、龟背竹、木兰等）。

一般民用住宅则宜选择小棵型草本植物（百合、秋海棠、水仙等）。

根据使用功能选择植物。房间的使用功能不同，对植物配置的要求也不同。起居室，较适合选择色调明快、悦目的花草，以适应多数人的欣赏需要。书房，则宜选择耐久性好，具有宁静感、稳重感的绿色植物。而老年人的房间则更适宜配置那些无须每天打理、易成活的常青植物。

思考题

1. 室内设计的前期工作主要有哪些？

2. 怎样编写设计任务书？

3. 如何运用设计程序做设计？

4. 设计拓展中我们能发挥怎样的能力？

5. 成本预算的内容有哪些？依据是什么？

6. 试着做一个住宅设计。

5

设计表达与住宅
设计案例分析

设计表达

住宅设计

案例分析

住宅设计要点

The Principle of
Interior Design

5.1 设计表达

设计表达的形式有很多，快速表现和效果图是我们经常使用的方法，它的表现形式与画法和纯绘画是不同的，有自己的设计语言，有自己的一套表现方式，在用笔、用色和技法上比较概括。如果用不同的工具、材料，它的技法表现也不同。线条疏密变化、笔触、色彩不同，表现出来的效果也不一样。要表现出设计思路时，设计者必须不断地练习。

5.1.1 效果图的初步训练

要想画出好的设计图，培养表现能力，可以通过大量的写生、速写和对图片的改画，以及临摹一些优秀的设计作品等来达到这一目的，这样不仅可以练习自己的手头功夫，还可以培养观察、分析能力以及提炼、概括对象的能力。在练手的同时，还可以积累和存储大量的信息资料。严格来说，表现技法并不高深，纯粹是一种技能，关键在于要"熟能生巧"，这就要求我们要能够坚持不懈，坚持长期练习，画出好的作品。

5.1.2 工具与材料

现代表现工具多种多样，设计者要根据自己的习惯、爱好进行有目的的选择配置。

（1）常见工具

常见的工具有普通铅笔（1B~6B）、草图铅笔、彩色铅笔、钢笔（普通钢

图5-1

图5-2

笔、弯头钢笔、各类签字水性笔）、圆珠笔、马克笔、水彩笔、色粉笔、水粉颜料、比例尺等。其中最常见的为草图铅笔与各类水性笔（图5-1）。

（2）常用的纸张

常用的纸张有复印纸、拷贝纸、描图纸、绘图纸、彩色专业绘图纸等。

对于工具的应用，各人可以根据自己的习惯和爱好选择。一般来说，在草图阶段一般以铅笔、签字水性笔为主；而在绘制比较详细深入的图时，则运用各类工具、材料比较多。因不断修改设计方案，为使绘制过程变得快捷、准确，工作中经常使用拷贝纸。

图5-3

图 5-4

图 5-5

5.1.3 绘画基础练习

　　素描、速写和色彩写生练习是设计的基础，也是训练设计师的造型能力、明暗、色彩、空间层次的综合练习方法。

　　结构素描练习：主要训练设计师对造型和形态结构的理解能力（图 5-2）。

　　色彩写生：主要训练设计师对色彩的认知和感觉能力（图 5-3）。

　　风景速写：主要训练设计师对线条、形态、结构的把握能力（图 5-4）。

　　室外环境、建筑、风景写生是效果图表现的基础，是对建筑环境、形态、景观、色彩的训练。写生建筑环境和室内空间时，不要忽略对室内空间元素和室外配景的练习。

　　室内环境写生：指室内的空间结构、家具、植物、灯具、装饰物、室内织物等的描绘，要注意阴影和材质的表现（图 5-5）。

　　室外环境写生：指建筑、植物、树木、汽车、人物等的描绘（图 5-6）。

5.1.4 临摹

　　对于室内设计师来说，临摹是一个练习和学习的过程，也是熟悉工具、材料和性能的过程，更是对表现技法的基本知识和规则了解的一个过程。效果图的表现纯粹是一种技法，但是要想画好一幅设计图，还与设计者的文化修养有很大的关系。

　　临摹的目的在于通过学习他人的技法和表现形式，为自己的学习打下基础，并将他人的技法灵活地运用到自己的表现图上。临摹是一个体会和思考的过程，我们在临摹他人作品的时候，切忌盲目机械地临摹，要领悟、感受、体会，学会为自己所用，重要的是学到方法。

　　优秀作品临摹：学习各种表现技法，如快速表现、水彩笔、马克笔等（图 5-7）。

　　各种材料质感临摹：如金属、玻璃、木材、石材、纺织品等材料表现（图 5-8）。

　　局部环境临摹：如室内的一角、一组家具等（图 5-9、图 5-10）。

　　摄影图片改画：如建筑、景观、室内环境图片的改动（图 5-11～图 5-13）。

　　通过一个阶段的临摹学习，找到自己喜欢的技法风格后再反复练习，多思考、多琢磨，再创新，从而形成自己的风格。临摹多了，练习多

图 5-6

图 5-7

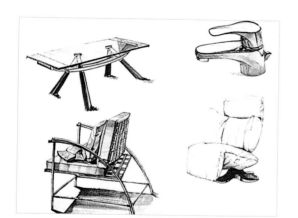

图 5-8

图 5-9

图 5-10

图 5-11

图 5-12

图 5-13

了，就会发现自己已经对许多优秀作品的精华领悟了，从而形成了自己的风格和方法。

5.1.5 室内局部和元素练习

环境的构成是由许多局部和元素组成的。所谓局部、元素是指建筑的某一部分、某一构件，或室内的某一角落。它小到一件装饰品、家具、灯具，大到一个局部空间等。画好局部或元素，并将其有机地组合，是画好效果图的关键。所以，局部和元素练习亦是设计表现的基础。

5.1.6 透视基础

设计表达依赖于我们对透视基础知识的熟练掌握，因为透视也是设计表达的主要工具和手段。透视一般分为一点透视、两点透视、三点透视几种形式。

（1）一点透视

一点透视的表现图有庄重、稳重、宁静的特点；但也有弊端，如处理不好会使画面显得呆板。它比较适合于表现公共建筑、行政机关、办公场所等（图5-14）。

（2）两点透视

两点透视有生动、活泼、体量感强、视觉效果好等特点；弊端是如果视点位置选择不当，就会使画面感觉不舒服。它比较适合于表现外部建筑、室内环境空间和局部空间、家具造型等，是设计师经常使用的透视方法（图5-15）。

（3）三点透视

三点透视透视感比较强烈，视觉冲击力较强；弊端是如果视点位置选择不当，则变形比较大。它适合表现高大建筑、城市规划、建筑群及小区住宅群（图5-16）。

5.1.7 表现技法分类

设计的快速表现是个非常重要的环节。一般而言，我们首先根据设计方案中的各层平面、各向立面等二维图纸，形成一个三维空间的视图，然后再对三维效果形象进行表现。从二维平面图到三维空间视图（一般采用带有远近关系的透视效果），需要我们首先掌握透视图画法的原理。当然，在快速设计表现时，可能不需要先将设计的所有细节都用严格的几何作图法在草图中完成

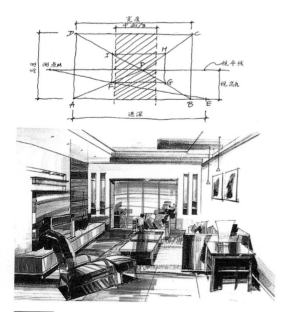

图 5-14

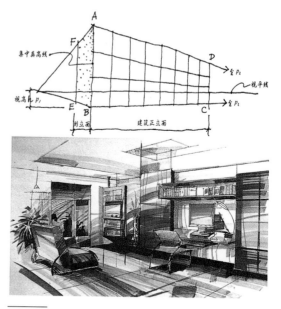

图 5-15

透视画法，只将重要的、决定性的体量或重要的辅助定位线用透视作图精确求出，部分细节可以根据透视效果的规律快速直接表达出来。这样可以在较短的时间内完成透视图框架，将时间留给设计的其他环节。

利用透视图勾画出建筑空间、立面的主要结构关系，建立了相对完整的形体构架。然而，这仅仅表达了设计的空间关系，而更进一步的材质、空间效果、整体氛围的表达，还需要通过一定的表现来实现。

①铅笔表现。铅笔表现是所有绘画方法中最基本的手段之一。虽然铅笔表达只有黑、白、灰的明暗对比关系，却同样可以具有非凡的表现力。铅笔笔芯柔软，绘制的草图粗犷、流畅，特别适合绘制初步草图或大范围的景观环境草图。用铅笔绘制草图速度较快，能够表达出流畅的思维和捕捉到脑海中稍纵即逝的"闪光点"。各类铅笔表达效果不同，用笔时的轻重缓急、力道变

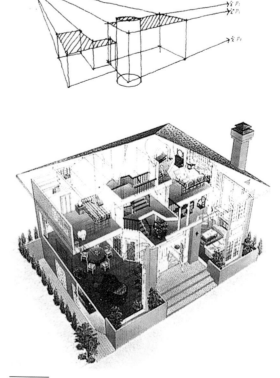

图 5-16

图 5-17

图 5-18

化需要多加练习，仔细体会。各种笔触、效果要协调配合，才能使画面既精致细腻又不失概括写意，在快速设计中有力地配合设计作品的朴实、单纯之美。其不足之处是对细部缺乏深入的表现力（图 5-17）。

②钢笔表现。钢笔或弯头钢笔表现是采用钢笔和墨水表现设计效果的一种形式。对于中间过渡的灰色区域，更多地需要用笔的排线和笔触变化来实现。与铅笔表达不同的是，钢笔表现的黑白、明暗对比更加强烈。用钢笔绘图，首先要保证钢笔出水的流畅性。与铅笔表现相比，钢笔利用笔触的粗细变化效果，更加适宜于表现深入细致的主题，以及小范围的设计和细部。同时钢笔

表现还可以与彩色铅笔、水彩笔、马克笔等手法结合起来，形成表现力更加丰富的多种其他效果（图 5-18）。

③彩色铅笔表现。彩色铅笔的种类一般分普通彩色铅笔和水溶性彩色铅笔。在设计表现中较多地采用水溶性彩色铅笔，它具有携带方便，操作容易，不易失误和笔触质感强，以及色彩丰富等特点。彩色铅笔一般有 12 色、24 色、48 色等各种组合。彩色铅笔由于笔触较小，在表现上要有一定的耐心，尤其是在大面积表现主题时应该逐渐深入，不可心急。它常常与钢笔或淡水彩结合使用，表现效果更加丰富。

彩色铅笔在上颜色的时候，颜色不要一次

图 5-19

图 5-20

画够，要不然会造成偏色。没有的颜色可以调出来，把颜色画得稀薄一点，然后两种或者几种颜色交叉，产生空间混合效果，可以画出无限可能的颜色（图5-19）。

④水彩表现。水彩表现是一种比较传统的表现形式，具有较强的艺术表现力。它既可以单独完成表现，也可和钢笔、水粉、马克笔等表现形式结合使用。这种表现形式在设计表现中如果运用得当，就具有快速表现其丰富的表现力和艺术感染力的特点。值得注意的是，水彩的使用对纸张的吸水性有一定的要求，在绘图时最好先将纸装裱好，待纸干后再进行绘制，同时在纸张上也要进行选择；控制水分、掌握技巧也是非常重要的一环（图5-20）。

水彩渲染的一般步骤是：

a. 首先要在绘图纸上画好需要表现的透视图底稿。

b. 选择合适的纸张并装裱在图板上，再将画好的底稿拷贝复制到画图上，这样可以避免在正图上使用橡皮擦图，以免破坏纸面肌理，影响水彩效果。

c. 在表现时先铺上大面积较淡的颜色，决定表现图的基本调子。

d. 对设计表现的主要部分进行描绘，其描绘方法与水彩画一样，即先浅后深、由明至暗。

e. 重要部分的表现与刻画，并对一些细节进行重点表现。

f. 整体把握画面效果，对表现图进行调整，重点是要注意主次分明，协调和把握好画面整体的远近、主次、明暗关系。

⑤水粉表现。水粉表现法同水彩表现法既有相似的地方，又有不同的地方，在表现时为先深后浅、由暗至明的表现过程。

水粉渲染的颜色较水彩更加鲜明。色彩颗粒较大，具有一定的覆盖力和附着力，故可以多次上色，便于修改。

水粉表现对纸张没有水彩渲染那样要求严格，但是一般要求图纸要厚一点，还可以选择彩色纸进行表现。在表现时注意画面的层次和不同色块的厚薄与干湿变化。尤其是最后要调整好画面整体的远近、主次、明暗关系（图5-21）。

⑥马克笔表现。马克笔表现是近年来比较常用的表现方法之一。它的特点是色彩丰富，使用方便、快速。由于颜色固定，干的速度较快，不

图5-21

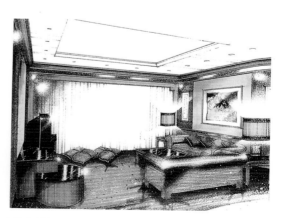

图5-22

图 5-23

图 5-24

易调和、不易控制。马克笔有油性和水性两种类型，可供挑选的颜色有上百种，个人可以根据自己的习惯方式选择不同的颜色。

马克笔适合快速表达。其表现效果干净利索，但使用时要控制好笔的方向和速度，做到稳、准、定，忌来回描，因此马克笔要经过不断的练习才可以掌握好。利用马克笔表现长线条的地方最好先借助尺子来控制，颜色尽可能不要画出界线。表现时多用灰色调，用鲜艳的颜色时要慎重，如果下笔前无法确定颜色是否正确，可以先在白纸上试一下颜色（图 5-22）。

⑦电脑效果图。计算机的普及和设计软件的不断升级，为设计带来了新的表现手段，也使室内环境设计有了更多可能。电脑效果图的特点是表现比较真实，对于修改设计方案比较容易，尤其是多媒体的运用，使设计可以多视角、全方位地展现室内环境设计的空间效果，对于设计方案的终结表现效果也比较清晰，视觉效果比较好，是设计界给客户展示设计效果图普遍采用的表现形式（图 5-23）。

⑧混合技法。所谓混合技法，就是非单一技法表现，是多种工具混合在一起使用的画法，也是设计师经常使用的方法。它的优点是可以吸取各种技法的优点。它是设计师在充分掌握了多种技法之后所采用的一种技法。事实上，技法只是一种手段，重要的是最后的效果。

设计者一般采用混合技法的比较多。每一种工具都有其特点，也都有其局限性，如果能发挥各种工具的优点并把它们有机地结合在一起，自然能表现出好的效果（图 5-24）。对于设计师来说，只要能恰当地表现对象，达到目的就可以了，为技法而技法、为表现而表现都是不可取的。

5.1.8 表现技法常见的问题

表现技法常见的问题有：透视不正确，物体比例不正确，光影错误，线条杂乱，主题不突出，材料表现不清，色彩较混浊，构图呆板，画面不整洁，收尾不佳。

5.2 住宅设计

大多数人是不可以按照自己的意愿请人专门设计建造自己的住宅的，而是从房产商处买已经建造完成了的房子，然后进行装修。多数人都是选择一套最能满足自己空间需要的房子，然后尽可能去装修设计，通过家具、色彩、图案和材料的选择来设计空间环境。在居室的选择、改建和家具配备方面，室内设计师首先对用户的住宅形态有一个了解是非常必要的。

5.2.1 住宅基本类型

住宅基本类型是由平面布局来决定的，而决定一个平面布局的两个基本因素是目标居住人群和可以利用的空间。它们在许多方面是相互关联的。室内空间的设计观念一直在两种基本的方式中变换：一种方式把空间安排成宽敞的多功能区

域，家庭生活的大部分功能在此；另一种方式则把住宅分成一些彼此隔离的、功能单一的房间。

（1）封闭式平面空间

封闭式平面空间把空间分成几个根据具体活动需要而独立的房间。这种方案有很多优点，对大多数人来说具有吸引力，因为每个人都有自己的私密空间。封闭式住宅的维护情况因人而异。例如，儿童游戏空间不必时时清洁整理，而成年人则会希望社交空间保持一定的整洁度，相互影响的活动可以在不同的房间同时进行但又不相互干扰。

封闭式平面布局的部分区域在某些时候可以关闭，如图 5-25 展示的就是这样一张两层的平面图。二层的卧室以及其他住宅空间是分隔开

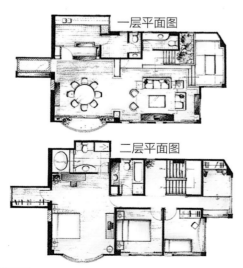

图 5-25

图 5-26

的，形成独立的封闭空间。封闭式平面图的一个缺点是把空间分成许多单独的隔间，除非住宅很宽敞，否则隔间可能颇为狭小。

（2）开敞式平面空间

开敞式平面空间间隔数目少，因而灵活的公共空间宽敞。空间安排成一个连续的整体，而不是像盒子一样一个个分隔开来。区域之间、室内与户外的空间变换非常流畅自然，这些都使得每个区域有很大的扩展延伸潜力。开敞式平面空间的优点在于让人感觉空间比实际面积宽敞，空间利用可多样化。缺点是家庭或群体的活动有时候互相干扰。对于行走有困难或视觉和听觉有障碍的人来说，开敞式布局最方便实用（图5-26）。

（3）横向和纵向平面空间

平面空间也可以分为一层和多层两种类型，两者各有利弊。

①横向平面空间：一层式平面空间（图5-27）非常适合小型住宅以及那些不会因为面积、屋顶和地基占地太多、费用增加而受影响的

宽敞住宅，我国的大多数住宅都是这种模式。一层式住宅不需要使用楼梯，居住者出入方便，其水平状的外形通常与平坦的地面显得颇为协调。

②纵向平面空间：多层式平面空间（复式住宅）（图5-28）的优点是，两套住宅面积相同，那么两层的住宅比一层的造价要低，因为它的房基和屋顶面积较小，而且纵向分开的房间更有利于房间层次的布局，也降低了为不同活动而进行空间分隔的难度，对于家庭成员各自需要自己的空间大有好处，它减少了不同活动的相互干扰。

5.2.2 住宅的基本形态

（1）多户式住宅

楼宇住宅基本上都属于多户式住宅，城市集中的商业环境也相应地需要人口集中，而且中心区域的土地往往稀少昂贵，因此，纵向扩展比横向扩展效率要高得多，相对来说建设成本较低，比较适合我国的经济现状。再一个原因是我国人口众多，所以多户式住宅的规划成为建筑发展的趋势。它的缺点是住宅的形式单调，空间面积相

图5-27

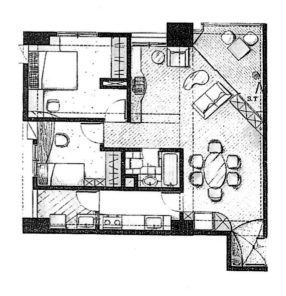

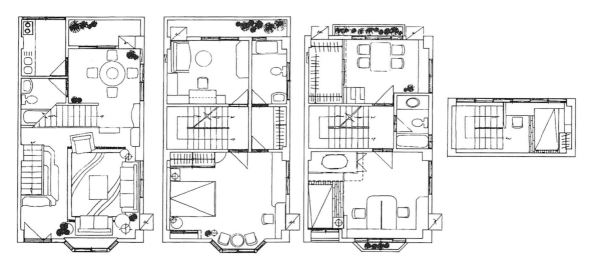

图 5-28

对较小，人与人之间的沟通、交流不是很方便（图5-29）。

（2）联排式住宅

联排式住宅成为解决在狭窄的空间安置许多家庭的一个主要办法，联排式住宅也是房地产市场的重要部分。这种建筑从两层到四五层不等，顾名思义，其边墙与相邻房屋相连，建筑面积相对比较大。它们既有独立结构的私密性，又因为面积有限、墙壁共享而具有经济性。

联排式住宅具有一户式独立住宅的许多优点，两套房子之间只有一面公用墙或地板基相连，其他地方则完全分开（图5-30）。

图 5-29   图 5-30   图 5-31

（3）独立住宅（别墅住宅）

别墅住宅形式让人感觉空间更宽敞、更有私密性、活动更自由，住宅更具个性化和独立性（图5-31）。当然，要达到这种住宅要求还取决于其设计方式。独立住宅确实比多户式住宅或联排式住宅具有更大的空间，这也是它最大的优点。独立式住宅的缺点是供暖和降温方面需要的能耗多、外部维修包括绿化费用也会较高。根据客户要求设计的住宅虽然更具个性化，但是价格也更昂贵。

5.2.3 住宅设计方法

家庭居室主要是人们生活、休息及进行家庭活动的场所。人们对居室理想化的追求，是人们追求精神与物质最大满足的具体体现。家庭居室的设计与装修在一定程度上表达着主人的思想感情、兴趣、志好、情操及生活方式等。

家是满足自我表现需要的一条途径，简而言之，家是满足人类的各层次需要的核心。"需要层次理论"是心理学家亚伯拉罕·马斯洛最先提出的。他把人的需要分为生理、安全、社交、尊重到自我实现五个层次。在高层次的需要出现之前，低层次的需要必须在某种程度上先得到满足。出于欲望的满足，得到一套称心、宽敞、昂贵的房子在某种程度上能体现出强烈的个人价值观，或者出于对居室进行个性化改造的渴望，在很大程度上这些欲望只有在身体健康、安全和社交等基本需要得到相当的满足后才会出现。

设计住宅时，所有决策都必须以在一定的环境背景下生活的人为标准来权衡。居室不是一幅画，它是一个生活场所，处于永恒的变化之中，与住在里面的人发生相互作用。住宅设计师必须掌握一定的信息背景才能设计出实用、舒适、生

气勃勃和美观的作品。从住户情况到设计制图与文档的专业知识，从配件、家具及设备的实用性到相应的规章制度，都是设计师应该掌握的。在着手设计住宅之前，设计师必须对多种因素进行分析和综合考虑，才能为住户创造更为和谐的居住环境。

方案的制订是对所有应该考虑的因素或应该做的事情的确定。简单来说，它是设计的一个非常重要的方面，因为掌握的信息越详细、所做的分析越周密，就越有可能满足住户的各项需求。

绘制设计图之前，设计师应该对许多事做出决策。在开始制图之前，专业建筑师和室内环境设计师应该仔细研究并确定住户对房屋的要求，及早制订一份书面方案。这份方案一般包含以下部分：

①客户信息资料。住户是最重要的计划因素，因为房屋是为他们设计的，他们不但是最基本的设计元素，而且还是房屋功能的最终评判者。设计初期，设计师应该花时间尽可能多地收集用户信息，了解他们的身份和喜好，如住户的人数，各人的年龄、性别、身材、活动、职业、兴趣爱好、生活习惯、生活方式以及相互之间的关系。室内设计师或顾问可以通过与住户的非正式交流取得这些信息。设计师还可以与家庭成员进行正式面谈，或通过详细问卷或客户情况表，尽可能多地了解有助于设计的相关信息。

②建筑基本资料。建筑基本资料包括建筑的地理位置、建筑形式、面积大小、实际使用面积、建筑空间布局等。

通过对居住环境场地的研究，设计师可以了解住宅的大小、房型、位置、地形、风向、日照、视野、住宅与街道的关系以及所选场地的自然特征（如树木等）。设计师还必须了解当地的

建筑法规、区域限制以及具体的条款、条例和限定。因为这些规章会影响住宅的朝向、设计类型、允许的高度、布局、建筑方法、建筑材料以及可能采取的节能措施。甚至同一区域的其他住宅或周边环境的一致性也会影响住宅的外观和色彩的选择。

就住宅与环境的关系来讲，朝向是指根据日照、地形、风向和视野为各个房间选择最佳的方位。日光朝向是指房间朝南，使住户能充分享受早晨和午后的温暖阳光。地形朝向要求充分利用地形（如在斜坡上建造多层住宅）。风向朝向可以让住户享受到夏日和风，同时又将冬天的寒风挡在门外。视野朝向可以让住户欣赏到怡人的景色，同时又能保护他们的私密性。

以上是住宅设计的一个主要因素，只有了解这些信息，才能满足每一位住户的特殊需求和利益，以及住户的总体需求和利益。在理想的情况下，为客户设计的住宅应该提供其所希望的私密性以及与其他成员交流的空间。

从制订方案的角度来讲，生活方式是指住户花在各种家庭活动中的时间。这个定义包括各种娱乐习惯：大型或小型的、正式或非正式的亲友聚会，各种交际活动，如聚餐、听音乐、游戏或看电视。也就决定了这些活动开展的场所，如起居室、家庭娱乐室、厨房、藏书室或露台的需要。设计师还可以详细调查住户的烹饪习惯、饮食结构、学习和工作的需要以及持家方式。如有些家庭喜欢干净整洁的居住环境，而有些则对料理家务不甚在意。

对住户生活方式的调查不仅应包括他们目

图5-32

前的生活状况，还应包括他们对未来生活的期望。设计师需要对房屋进行多处改建，以增强用户对环境的适应性，使房屋结构与住户期望的生活方式相符。

图5-32中风格简约的房间体现了住户的个人品位。墙壁、地板和天花板的装饰都是很少的，甚至家具也被精简到了极致，显得简洁而现代。

③功能目标。住宅的功能由住户的价值观和生活方式所决定，如果住户希望减少花费在管理和维护房屋方面的精力，就可以在家中安一台电脑来监控设备和家用品，住户因此会拥有更多的空余时间。设计师可以考虑布置一间装有视频和音频系统的多媒体房间，这类房间的设计应注重灯光、音响效果及声和光的反射、吸收效应。住宅的功能还可以包括分离式家庭办公室，最大能源效用或适合老年人、残疾人士的无障碍设计等。同一家庭中的不同成员对住宅设计的需求是不同的。理想情况是设计师应与每一个家庭成员进行面谈，明确每个人的特殊需求和兴趣，这样，设计师就可以根据每个家庭成员的个人活动特点和家庭成员间的交流情况来确定设计目标（图5-33）。

④设备需求。管道、用电、供暖和制冷、电话线、网络、音响设备和有线电视等是设计师必须考虑的基本要素，设计师还必须满足住户的特殊需求，如安全设备、音频视频系统、电脑及其他特殊设施或配电系统。

⑤空间要求。住户的活动、发展需要、价值观及期望可以反映出其对空间的要求。因此，设计师必须根据住户期望的活动、室内陈设和空地面积来选择住宅总面积和房型，然后再对住宅面积进行相应的功能划分。当然，设计师还必须估算到储物、设备、墙壁和走廊等所占的空间。

⑥个性化。个性化是指一所住宅区别于其他住宅的性质，它体现了屋主的个性，是屋主情感对空间和设计影响的反映。当住宅设计符合住户的需求、兴趣和偏好时，个性也即特性就会自动形成（图5-34）。

虽然人的个人欣赏视觉在观察住宅个性时起的作用非常重要，但是装饰材料的质感同样也会起作用。走在柔软地毯上的感觉与走在光滑的大理石地板上的感觉是不一样的。同样，声音在隔离的房间中的反射和吸收能够清楚地反映房间的特征——这些声音可能使人感到愉快、舒适、不安、敬畏、安全或恐惧。房间的大小、高度、窗户面积、陈设风格以及摆设、色彩、铺设和图

图5-33

图5-34

案的选择在反映住户个性的同时也体现了房间的个性。

⑦设计预算。在设计的初期和整个过程中都应该采取措施控制成本，因为房屋对于一个家庭来说是大商品。设计师要根据客户的基本情况和客户的经济情况来做设计，当设计方案和图纸提交给客户时，应该做出相应的成本预算，它包括材料费、设备费、施工劳务费用以及设计费、管理成本和利润百分比。对于设计图和规格说明中的待购物品，应该给出明确的报价。

5.3 案例分析

5.3.1 起居室

起居室是家庭活动的中心场所，主要包括家庭内成员的所有活动，如起坐、闲谈、休息、娱乐、阅读等，是所有家庭成员活动的区域空间，所以这是一多功能的空间，这个区域是实用功能较多、活动时间较长、利用频率较高的综合空间。无论是典雅浪漫、华丽高贵，还是质朴自然、淡雅细腻、清幽恬静等各种情调都可以在此体现。所以起居室在民用住宅的设计与装修中可以说是重中之重。

起居室的设计既然是多功能的，那么使各功能互不干扰地在各个区域间发挥其作用，是设计中应首要考虑的问题。涉及的问题有：室内充足的采光，合理的立体照明，良好的隔音条件，适度的室温，充分的储藏空间，以及满足各种活动的配套家具等，更重要的是活动空间、储藏空间、流动空间的划分与支配和弹性空间的开发与利用。

起居室主要解决的是谈话区域的沙发、座椅、茶几及储藏空间中的组合柜、博古架的摆放与陈列。设计中应精心计划其位置及摆放方式，

沙发常见的摆放方式有"U"形、"L"形、圆形、对排形、"一"字形及"十"字形等，选用哪种形式要根据家庭实际面积而定，以创造和谐的谈话环境。

当然，起居室还可作为其他生活场所兼用。可弹性地添置边椅、边桌、工作台、餐桌以及电视、录音、录像、音响设备等，这要视起居室兼容的其他功能来决定。以多功能的弹性家具来扩充这一场所更为有效。

图5-35是一个由客厅与餐厅共享的空间，通过沙发将两个不同的功能区进行分隔，设计师根据主人的兴趣、爱好将新旧家具"混搭"在一起，使整个起居空间散发着浓郁的文化气息：清代的木榻、明式的椅子、老式的木箱等与现代的沙发形成鲜明的时空错位，宽大窗户折射出都市的繁华，小装饰品使起居环境变得更有情趣，植物的装饰和立体式照明也增加了空间的层次感，所有这些都折射出主人的审美情趣、艺术修养与文化品位。

图 5-35

5.3.2 卧室

卧室为家庭成员的睡眠区，在家庭中是私密性较强的区域。房间面积在选择上不一定要很大，有时空间小反而亲切，当然也需要适度的空间。一个设计完美的卧室内常常包括睡眠、更衣与梳妆等活动的区域。当然也可以书写、工作及其他活动兼顾。这要视条件而定，但其主要的功能是睡眠，所以舒适、温和、安静及柔和的光线是卧室设计中所要追求的。

不同的风格、不同的情调、不同的环境能给人以不同的美感享受。一般来说，卧室以偏暖色调设计为好，因为暗暖色调是使人很快进入休息状态的外因条件。

卧室一般不宜用大红大绿等高纯度的鲜艳色彩，色彩太强烈会使人心绪不宁，影响睡眠。灯光照明上宜采用间接光源或可调光源，这种光源益于人的视网膜休息。另外卧室的室温应设法保持在 20 ℃左右为佳，这种室温较易使人入睡。

在卧室内装点小幅壁饰、绘画作品等也是必要的，这可给宁静卧室的增添生气感。卧室的风格主要根据主人的兴趣嗜好来决定，或是豪华欧式，或是田园式，或是简洁现代式，总之要因人而异。

图 5-36 是一间较为宽大的卧室，设计师用清新淡雅的粉红色作为房间的主色调：粉色的羊毛地毯、粉红色的床罩与整个空间色彩协调一致，给人以温馨甜美的感觉；通透的大玻璃窗将

室外的自然美景引入，犹如一幅山水画；蓝紫的休闲沙发与粉色环境形成对比，增加了卧室的层次感；高而宽的床靠背把床头柜和床包围在一起，形成一个整体，背面的灯光使空间有一种通透的感觉。整个卧室设计色彩柔和自然，既简约又富有个性，充分显示出主人对生活质量与高生活品位的追求。

5.3.3 书房

知识分子家庭都希望有个书房，在此进行学习与工作。书房纯属个人空间，此处可充分体现使用者的性格与嗜好，为使用者提供自得其乐的艺术空间。

书房及书写区域的位置，应选择家庭中较安静的房间，尽量选择远离外部喧嚣环境的房间。即使是单间中的书写区域也应尽量设置在背向公路的位置。在设计中要根据使用者的性情与爱好，确定书房风格。根据使用人的身材条件，确定书写桌、书柜等家具尺度，并根据个人的生活习惯，确定书房内的家具空间。

书房中书柜、书写桌的设计应保证书籍、文具的存储方便、视觉美观。书房的采光是非常重要的，写字台应靠窗顺光位置，这样白天光照稳定又无眩光。另外，案头灯、台灯、工作灯同样要注意光照角度，尽量避免眩光，以保证人能长时间伏案工作。一般家庭的住房面积小，难以单独设置书房，那么，可以在卧室、起居室等房间里利用多功能组合家具分出一个学习空间。

图 5-37 是一个 10 m² 的书房，虽然房子空间不大，但设计得很有个性，且很实用。通顶的书架与传统书柜形式有着明显的不同，设计师有意识地将直线分隔与斜形的方格形成对比，打破了单一的视觉平衡；白色简洁的垂帘与木制的书架形成色彩上的对比；设计师根据主人爱好音乐的特点，将书架的形式根据磁带的规格进行分割，既提高了书架的利用率，又有分割变化的形式美；为了更好地利用空间，书桌的斜放与三角形的后柜成为一个整体，整个空间显得紧凑而不

图 5-36

图 5-37

拥挤。简单清晰的线条和富有个性的造型，体现出主人具有很高的审美和艺术修养。

5.3.4 厨房与餐厅

就我国的普及型住宅来说，我们可以把厨房与餐厅一起来介绍，这也是因为厨房与餐厅在功能上有不可分的联系。

厨房在区域上可划分为：洗洁区域水槽、调制区域厨台、蒸煮区域锅台、储藏区域（炊具、食物储藏柜）和进餐区域。

餐厅也可与厨房分离，视条件而定，这几个区域间的相互关系应强调符合作业流动线的合理性，采光充足、通风良好、整洁干净、作业便利。能源安全是厨房的设计原则。在装修用材上，应尽量选择浅颜色或视觉感清洁、易于清洁和除垢的硬质材料。对于厨房内必备的锅瓢勺铲等炊具，一定要放在适当的位置，以挂物架、搁物架或适当的橱柜等设施来妥善安置，使它们用起来顺手又方便，且不至于因它们的存在而产生琐碎的感觉。

厨房的通风设备有抽油烟机、排风扇、吸风机等，可根据经济条件来选择。通风设备是厨房中的必备品，因为厨房内的油烟、尘灰必须通过它们来排除，以保持厨房内的空气清新。现代化的厨房设备有成系列的洗槽、炉灶、储藏柜、烤炉、微波炉以及冰箱等。厨房设备的排列一般有"一"字形、"U"形、"L"形、半"U"字形等组合方式。

餐厅应选择与厨房接近的位置，最好为独立空间，也可以与厨房并用。餐厅的必备家具较为简单，仅是餐桌、餐椅就足以满足进餐的条件了。但是在餐厅空间中，添置些花卉、静物或装饰小品等，有助于提高食欲。同时，餐厅还要有良好的照明，明亮柔和的光线也有助于提高人的食欲。

餐桌椅分固定式和活动式两种。固定式多用于独立的餐厅，就餐时较为方便。而在小空间的餐厅中采用活动式餐桌椅更灵活，具有一定的弹性空间。

图 5-38 是一个开放式的厨房形式，橱柜的造型简洁明了，功能分区布局合理，设计师把独特的小酒吧与厨房融为一体，深色的柜门与白色的墙壁形成对比，局部的灯光照明不仅满足了使用功能的需要，也使整个厨房有一种家的温馨

图 5-38

图 5-39

感，加之绿色植物与烛台的点缀体现了主人有浓浓的生活情趣。

图5-39中设计师将餐厅与阳台紧密联系在一起，通顶的大窗使自然景观与室内空间融为一体，营造了一个就餐过程中还可以享受大自然的美景氛围。在家具的选择上把具有现代感的玻璃餐桌与个性化餐椅组合，与整个空间的简约设计风格相协调，给人一种清新自然、高雅细腻的用餐环境。

图5-40是一个小户型厨房与餐厅组合的形式，设计师通过橱柜将厨房与用餐区隔开，使两个空间既有联系又有区别。空间虽然不大，但两个空间整合后显得简洁紧凑，自然的木纹与白色的座椅、墙壁显得质朴典雅，"L"形座椅让人

感觉更加亲近。

5.3.5 卫生间

我国的民用住宅设计中，卫生间一般是厕所兼浴室。随着生活水平的提高，人们对卫生间的要求也越来越高。卫生间无论是独立的厕所还是兼有浴室功能的空间，都需要有一个良好的通风条件。如若通风条件不好，可以增加排风装置。

卫生间内必须要有良好的排水条件，因为卫生间内不仅因洗浴易潮湿，而且必须定期冲刷除垢。卫生间是住宅环境中最潮湿的地方，所以它的墙壁、地面都必须选择防水、防潮而又容易清洁的材料。

一般说来，卫生间较小，加之卫生间功能的

图5-40

图 5-41

需要，最好用明亮的色调，亮色调有一种清新、淡雅、整洁的感觉，这样更符合人们的生理与心理需求。当然我们不一定要选择白色，选择淡绿、淡蓝、米黄等明快色彩也具美感。

卫生间内要有充足的照明，同时在灯泡选择上一定要有防爆功能。另外，卫生间的电器产品要使用有防水功能的产品，做好绝对安全工作。

卫生间内必备的设施，如洗面台、多用架、毛巾杆、储物架等位置一定要符合人的活动尺度需求，以方便使用。

图 5-41 所示为在主卧里营造的一个开放式的卫生间。设计师打破了传统的卫生间概念，把漂亮、精美的洁具作为卧室空间的陈设品，通过

图 5-42

不同的地面材料划分空间区域，立体的照明方式使空间层次变化丰富，独特的设计形式使空间既显得宽敞明亮，又体现出现代生活气息。

5.3.6 儿童房

儿童房设计一定要考虑儿童的特点，尽可能给儿童足够的玩耍空间；在色彩上采用一些活泼、欢快的图案；家具的尺度不宜过大过高，高低床可增加儿童的兴趣。

图 5-42 为一儿童房。设计师根据儿童的特点，用色彩明快的卡通图案作为装饰主题，体现了儿童活泼的天性；弧线的装饰隔架使单调的墙壁变得丰富，同时它与天花板的弧线造型形成呼应；局部的灯光照明增加了空间的层次感；木制的地板与木家具给人以安全感。

5.4   住宅设计要点

可以说住宅的设计其关键是对于空间的扩展与利用，而扩展与利用空间的具体做法一是在家具上做文章，二是要合理而紧凑地支配空间，三是对室内上部空间的充分利用。

①多用性。所谓多用性，就是使单体的家具能起到满足两种或两种以上使用功能的要求，比如把床的底部设计成抽屉或拉门式柜，满足休息睡眠要求的同时，还具有存放物品等储藏效能；或用一组柜把室内一分为二，既可以达到贮放物品的目的，又可以把室内分成居、卧两用；或把组合柜上的某一扇门做成翻门或抽拉门，使其变成活动桌面，既可以起到柜门的作用，又可以满足工作学习的需要，而且还具有了弹性空间。

②互换灵活。所谓互换灵活，是指在家具的结构设计上，根据房间的面积，用科学数据的标准尺度，使家具在空间里可以互相转换，使之产生再组合。隔一段时间后，再进行互换，不断地更新空间设计。

③巧妙布局。卧室、起居室、书房、餐厅等都有多种家具，对它们的布局设计，一是在布局时要有整体观念，二是要巧妙安排家具相互间的联系。具体的做法有：

可按人物活动路线进行巧妙布局，如梳妆台与穿衣柜系列排置。

可以按家具相互间使用功能上的内在联系巧妙布局，如把茶几与沙发并置，构成交谈中心。

按家具使用上的同一因素，合并归纳来巧妙布局，如把工作台与书写桌椅布置为餐桌餐椅。

按人物生活因素进行巧妙布局，如把床嵌入组合柜中的大衣柜一侧。

思考题

1. 设计师常用的设计表现方法有哪些?

2. 在设计表现中容易出现的问题有哪些?

3. 在住宅设计中应该了解客户哪些基本信息?

4. 住宅设计有哪几种形式?

5. 厨房的设计应该注意哪几个方面?

6. 试着做一个住宅设计,评估一下自己的设计能力。

7. 如何让室内设计在视觉上看起来既美观又实用?

6

相关技术与环境问题

相关法则与涉及的专业系统

可持续发展设计

The Principle of
Interior Design

6.1 相关法则与涉及的专业系统

　　对于设计师来说，与室内设计有关的法律、法规、标准、规格归纳起来有以下几种：与建筑设计有关的内容——城市规划、建筑法规、地方条例、消防法等；与建筑材料、配件、设备机械、家具、产品质量标准及设计有关的内容——质量标准等；以保护消费者的安全和利益为目的的内容——消费者权益保护基准法。不了解和熟悉这些法规，就不能做好设计，因此在实施中不断地学习和了解这些知识也是必要的。

　　任何一个成功的室内设计作品，不仅是室内设计师自身专业知识、艺术素养与创作才能的展现，同时也是室内设计师与建筑、结构、电气、设备（采暖、空调、给水排水）等专业密切配合、协调，卓有成效地解决错综复杂矛盾的结果。随着现代建筑领域中科学、技术与艺术日新月异的发展，这种多专业、各工种的配合与协调越来越成为现代室内设计走向成功之路的关键所在。

　　一般来说，完成室内设计任务有两种情况：一种是由建筑设计单位自身承担（配有室内设计专业人员），一种是另行委托室内设计单位承担（该单位要为此项工程设室内设计主持人）。不论是哪一种情况，室内设计人员都应在吃透建筑工程设计任务书、建筑设计总体构思的前提下开展工作，同时要取得建筑工程主持人的理解与支持，并努力贯彻、完善总体设计思想（旧建筑室内改变使用性质的室内设计除外）。

　　室内设计所涉及的专业系统及协调要点如表6-1所示。

6.1.1 构成室内环境的基本条件

人类在漫长的发展过程中以各种方式在地球上扩展着自己的生活空间。建筑物就是作为人类更舒适、更安全的生活庇护物发展而成的。要维持一定水准的室内环境，必须能够适当控制或适应外部环境的变化。人们为了在室内过上安全舒适的生活，仅能避风雨是远远不够的，随着科学技术的不断发展与普及，人们对技术的依赖程度也提高起来，由此带来的是空间自由度的增大。

室外环境（或称自然环境）是由地球的自转、

表 6-1 室内设计专业系统及协调要点

专业系统	协调要点	与之协调的工种
建筑系统	1.建筑室内空间的功能要求（涉及空间大小、空间序列以及人流交通组织等） 2.空间形体的修正与完善 3.空间气氛与意境的创造 4.与建筑艺术风格的总体协调	建筑
结构系统	1.室内墙面及天棚中外露结构部件的利用 2.吊顶标高与结构标高（设备层净高）的关系 3.室内悬挂物与结构构件固定的方式 4.墙面开洞处承重结构的可能性分析	结构
照明系统	1.室内天棚设计与灯具布置、照度要求的关系 2.室内墙面设计与灯具布置、照明方式的关系 3.室内墙面设计与配电箱的布置 4.室内地面设计与地灯的布置	电气
空调系统	1.室内天棚设计与空调送风口的布置 2.室内墙面设计与空调回风口的布置 3.室内陈设与各类独立设置的空调设备的关系 4.出入口装修设计与冷风幕设备布置的关系	设备（暖通）
供暖系统	1.室内墙面设计与水暖设备的布置 2.室内天棚设计与供热风系统的布置 3.出入口装修设计与热风幕的布置	设备（暖通）
给排水系统	1.卫生间设计与各类卫生洁具的布置与造型 2.室内喷水池、瀑布设计与循环水系统的设置	设备（给排水）
消防系统	1.室内天棚设计与烟感报警器的布置 2.室内天棚设计与喷淋头、水幕的布置 3.室内墙面设计与消火栓箱布置的关系 4.起装饰部件作用的轻便灭火器的选用与布置	设备（给排水）
交通系统	1.室内墙面设计与电梯门洞的装修处理 2.室内地面及墙面设计与自动步道的装修处理 3.室内墙面设计与自动扶梯的装修处理 4.室内坡道等无障碍设施的装修处理	建筑电气

续表

专业系统	协调要点	与之协调的工种
广播电视系统	1.室内天棚设计与扬声器的布置 2.室内闭路电视和各种信息播放系统的布置方式（悬、吊、靠墙或独立放置）的确定	电气
标志广告系统	1.室内空间中标志或标志灯箱的造型与布置 2.室内空间中广告或广告灯箱、广告物件的造型与布置	建筑电气
陈设艺术系统	1.家具、地毯的使用功能配置，造型、风格、样式的确定 2.室内绿化的配置方式和品种确定，日常管理方式 3.室内特殊音响效果、气味效果等的设置方式 4.室内环境艺术作品（绘画、壁饰、雕塑、摄影等艺术作品）的选用和布置 5.室内其他物件（公共电话罩、污物筒、烟具、茶具等）的配置	相对独立，可由室内设计专业独立构思、挑选艺术品，或委托艺术家创作配套作品

公转来支配的。地球自转带来昼夜的变化，公转引起季节的更替。另外，由于大气、陆地、水面等热量的出入不同及地球自转的关系，产生出云量、气流等各种各样的气象变化。

室外环境并不仅仅是指自然环境，诸如绿化、水面、动物等内容，还包括噪声、空气污染等因人类的社会活动所带来的环境因素。但是，为了创造出一定水准的室内环境所付出的代价（能源消耗、大气污染、噪声等）也是相当大的，因此必须对这些因素加以充分考虑。

6.1.2 温度与湿度环境系统

室内环境的合适温度是人生存的基本要求之一，就像冬天我们会穿棉衣、皮毛衣御寒，夏天采用空调降温，可以说室内已不是简单的空间形式，尤其是现在，人们更加关注环境的冷暖，人们通过各种方式改变自己的生存环境，从传统的煤火炉、风扇到今天的暖气、空调等来调节室内环境的温度。

温热感觉基本上是通过皮肤所感觉到的，与其他的皮肤感觉如痛感、触觉等相比，温热感觉要小得多。另外，皮肤是覆盖全身的，其温度因身体部位不同而不同。

例如，冬天房间内暖通设备产生的热量是足够的，但脚下若有穿堂风时，就感觉不到"温暖"了（图6-1）。温热感觉因年龄、性别、环境的不同而有差异，可以说这是主观性所致的，而人自己的发热量则根据参加活动的不同而变化。

衣服是人的"第二皮肤"，它的调节作用与

图6-1

环境进行热交换的状态也因为条件不同会有很大的变化。因此，冬季室内采用地暖形式供暖比较舒适。

（1）温度

从物理学来看，热具有从高温处移向低温处的性质，其传递方法有传导、对流、辐射三种。传导是在相同的物质内或与接触的物质间热的移动，物质并不随之发生移动。接触具有相同温度的物体时会有温暖感或凉爽感之别，这是由于物质的导热性能有别。在地板上铺设地毯的一个目的就是对导热的调节（地毯的导热系数小）。对流是指像浴盆中蒸发水蒸气那样的现象，像水或空气这样的流体随物质的移动转移热的现象，热的部分向上方、冷的部分向下方移动。房间内有供暖设备时，顶棚部分的温度明显地增高就是由对流现象引起的。

我们的温热感觉是由周围环境和热量的进出所决定的。与周围的物体不仅用前述的三种方式进行热交换，还以"发汗"的形式散发热量。因此人的温热感因素，不仅要考虑空气温度及墙面的温度（辐射温度），还必须充分考虑湿度、气流等影响因素。室内的热环境除了室外热量进出的影响之外，还包含人体在内的室内散发的热量的影响。

由于室内与室外之间有温差，建筑物的墙壁、屋顶、地面便产生热量的流入或流失。另外，由于太阳的辐射热使屋顶及墙壁上积蓄相当的热量（温度也就上升），其后再散发出来，也有相当的热量进入室内。直射光到达室内的情况更会引起室内温度的上升。

一般来说，在住宅中从窗和缝隙流入或流出的热量约占整个吸收或散发热量的一半，因此应该尽可能地缩小窗户，提高密闭性。但考虑采光、通风、换气的需要，这又是不太合理的，因此取得适当的平衡是最关键的。由于室外条件、内部发热以及建筑物的各种特性不同而形成的室内的热环境，一般来说，在空间分布上不是均匀的，墙角部位的表面温度比起其他部位要低得多，此处容易结露，成为发霉的原因。

为了提高房屋的隔热性能而使用隔热材料，由于其位置不同效果也就不同。由隔热性能好、热容量大的墙体构成的建筑物，其隔热的性能也就好。要提高建筑物的隔热性能，不仅限于墙壁和屋顶，还要提高热性能最薄弱的部分——窗户的质量。

（2）湿度

空气中或多或少包含着水分。有多种方法可以表示水分含量。单纯表示湿度，就有重量绝对湿度、容积绝对湿度、相对湿度（在一定温度、一定大气压力下，湿空气的绝对湿度与同温同压下的饱和蒸汽量的百分比）等。包含水分的空气的湿度及温度的关系有湿空气线形图，由此可以了解空气的混合、冷却、加湿、除湿等状态的变化。

结露是某种状态下的湿空气接触到较其温度低的物体，空气中的水分在物体表面形成水滴。只要绝对湿度不变，气温下降，在相对湿度变为100%的温度（露点温度）以下时，就会发生结露。因此，要防止结露现象，就应该设法使墙壁的表面温度不致下降（其措施是提高隔热性能或吹暖风等），使室内空气湿度不致提高（进行适当换气等），以及采用有防湿性能的室内饰面材料（以防墙体内部结露）等。

6.1.3 通风与换气

保持空气流通对于住宅环境是非常必要的，换气是指室内外的空气交换，换气的目的是指除去室内的热量、湿气、有害物质及气味等（图6-2）。冬季排热虽然不是必需的，但如果不注意空气流通和换气，就会造成室内空气质量的下降，引起人不舒适。

通风的原则是经常打开门、窗户自然通风和设置合适的通风道。例如：在主导方向设置风的入口和出口；另外，在檐口、侧墙栽植树木等也会改变通风的路径。

室内空气污染程度的测量一般是指测定空气中二氧化碳废气的浓度。二氧化碳废气的毒性与其他有害物质相比是很微弱的，但如果二氧化碳废气的浓度超过0.1%，就会对人体产生不良的影响。

人呼出的气体中就包含着二氧化碳废气，即使是在晚上睡觉时也会有。随着人们活动量的增加，室内二氧化碳含量也随之增加；室内的各种燃具中产生的废气，以及吸烟也同样会产生废气。因此要根据室内的使用状况随时换气。

换气方法一般有机械换气与自然换气等。利用风压差或温差的换气方式称为自然换气，合

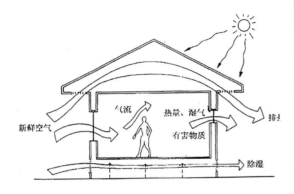

图6-2

理利用适当的气流可以满足通风、换气的目的。特别是在高温多湿的夏天，换气对于降低体感温度，效果是很好的。但这种方式不能保证稳定的换气量。因此住宅的大部分空间换气多采用自然换气为主，而厨房、厕所则采用局部机械换气的方式。

6.1.4 环境声学

（1）声音的特性

声音一般指在空气中传播的纵波（粗密波）中人所能听到的范围。从声源传到耳内所经的路径无论是液体还是固体都是由于振动而产生的。在建筑物中，声音除了经空气传播之外，很少情况是因经建筑物主体传递而引起的。

在空气中传播的音速约为340 m/s。它同光一样，在物体上也有反射（图6-3）、吸收、透射现象。但是由于它比光的波长要长，因此在感觉上与光不同。声音的强弱、音调的高低和音色的好坏是其三个基本要素。音调的高低取决于声音的频率，频率越高，音调也就越高；音色是由复合声成分、各种纯音的频率及强度（振幅）所决定的。

由于声音频率不同，相同大小的声音也会有不同的强度。噪声就是利用人的听觉特性来测定的，测定值用分贝（dB）来表示。但是，噪声水平高并不一定就指嘈杂吵闹。对于人来说，既有想听的声音，也有不想听的声音，不想听的声音即使噪声水平低，也会有嘈杂吵闹的感觉。在住宅内各种机器设备发出噪声时，想听的声音就会难以听到，这是由于声音的掩盖现象形成的。而在安静的环境中，即使细微的声音也可以听到，这是因为掩盖现象不明显。

（2）隔声与吸声

隔声是指尽量减少透射声，吸声则是指尽量减少反射声，因此提高吸声能力与提高隔声能力是有区别的。如开窗时吸声能力极高而隔声能力为零，隔声能力用透射损失来表示，值越大，说明隔声能力越高。单位面积质量（表面密度）越大，透射损失也越大。

由于吸声材料多采用轻而多孔质、孔洞的材料，因此吸声性能好而隔声性能却很差。调整室内吸声能力的目的就是调整声音的可听方法，在贴有面砖的浴室（吸声能力很低）中，因为声音反射的原因，说话不容易听得清；而在起居室、卧室中，由于有适度的吸声量，说话、听音乐都很方便、舒适。在音乐厅中，音质的好坏也取决于吸声量的调整。由于吸声量和室内容积的不同，混响时间也就不同，因此为了减少室内环境的噪声，可以利用室内铺地毯、挂厚厚的窗帘增加吸声能力，使室内发出的声音或进入室内时发出的声音平均声压变低，而变得安静。

6.1.5 电路装置

随着生活水平的不断提高，家用电器设备的种类和数量也不断增加，在住宅中电路的设计布置尤其重要，传统的照明方式已经跟不上电器设备的发展需要。为了使所设计的住宅符合生活习惯和要求，设计师会对室内线路进行改造，如增

图6-3

加线路数量、细化线路以达到多路的电源控制，从而减轻超载线路的负荷。如客厅、起居室、餐厅和厨房内增加多种方式的照明：间接照明、直接照明、活动式投射灯，从而优化环境及工作照明。主卧室中安装主灯、壁灯，显得环境幽雅而温馨。

对住宅供电方法有架空引入、地下引入、架空和地下并行引入三种形式，一般以第一种形式较多。从方式和安全性等方面考虑，电路架空引入方式一般用于公共建筑，而电路架空和地下并行引入形式在住宅中运用得比较多。架空线路在室内一般都悬吊在天花板顶上，同时它还必须符合国家的安全规范，比如，材料一定要阻燃耐火、固定牢固等。

如图6-4所示，引入线经过电表进入分电盘，分电盘构成支回路。对过量电流和漏电要设置电流断路开关和漏电遮断器，照明用和插座用回路要分开，空调等大型电器要使用专用回路。还应该为发展留有配线余地。

（1）开关

由于开关的使用频率较高，因此要充分研究日常生活中人的活动和使用方法及安全性，以决定安放位置和种类。安放位置的原则是要在房间的内侧，进入房间后能够方便、迅速地打开。开关安放高度一般为从地面起1 200 mm。厕所或储藏室等平时人少进入的房间，或是湿气较大易造成危险的地方，开关应装在室外或采用防水的开关、插座盒，如图6-5所示。

一般楼梯、走道等两处以上需要开与关的地方要使用双控开关，在厕所或门灯处可以使用装有发光二极管使用标记的开关。另外，门厅灯或厕所通风扇使用带有延时功能的定时开关更为合

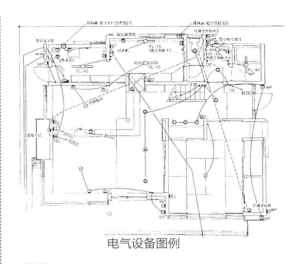

电气设备图例

图6-4

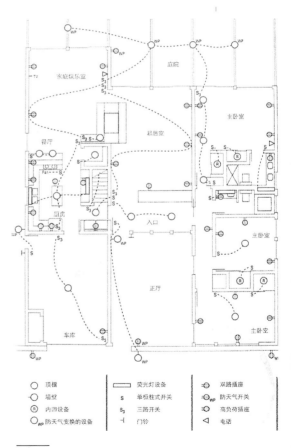

○	顶棚	▭	荧光灯设备	⊟	双路插座
○	墙壁	S	单极柱式开关	⊖WP	防天气开关
⊛	内四设备	S₃	三路开关	⊘	高负荷插座
○WP	防天气变换的设备	⊣	门铃	◁	电话

图6-5

适。在客厅或起居室，可以使用能调节照度的调光开关，但应注意白炽灯与荧光灯种类的选择。

（2）插座

插座应与电气设备的种类和数量相对应，还应充分考虑家具的布置、门的开关等，应设置在使用方便的位置上。插座的数量可按电器设备并排使用来设置，并留有一定的余地。对于电冰箱、微波炉、空调机等用电量大的电器设备要使用专用插座；对于有接地要求的电器应使用带有接地线的插座；装在室外的插座必须使用防水型，且要安装在距地面 30 mm 以上的地方；浴室内由于潮气大有危险，一般不安装插座，必须安装时要采用防水型。此外还有定时功能插座、家具专用插座、漏电断电器内置插座等多种形式。

6.1.6 娱乐、通信设备

（1）电话

电话和内部对讲机与人们的生活方式紧密联系在一起。选用时必须充分考虑使用目的、使用人数及安装场所。

另外，应该注意在新建或改建、扩建时，后建部分不要将配线露出，应该安装在建筑中的配管内。为了使用方便，目前在住宅设计中每一个独立空间里都可以安排电话，同时电话还要根据使用目的、位置的不同采用不同形式。另外，内部对讲机主要是用于室内与室外对讲，从家庭的安全方面考虑，它可以用来对来访者进行识别。

（2）电视、音响

家庭影院已经明显地改变了休闲和家庭生活模式。尤其是立体声设备、电视以及家庭影院和电脑已经成为家庭娱乐的重要来源。要把它们与住宅总体设计结合起来，就需要进行专门的规划和设计。

安装复杂的音响系统，需要宽敞的空间，而且这个空间一定要具有灵活性，因为随着新设计的利用和欣赏者水平的变化，音响系统构件的数目和形状都会发生改变。热爱音乐的人想在某个角落甚至整个房间内安排单独的音乐中心，如果设备都要连到扩音器时，需要用隔音材料或屏障使音乐中心与住宅内的其他部分隔开，比如用吸音漆、墙板或隔音天花板、吸音装置、绝缘导管等。

一般来说，扬声器到收听区域的距离要比扬声器之间的距离的 1.5 倍稍近些。如果扬声器间距为 2.5 m，收听距离大致应为 3.5 m，这条规律在很大程度上取决于扬声器和房间的特殊声音特性。在扬声器和收听区域之间铺一层厚地毯，也可减少声音的过度反射。扬声器之间的距离及扬声器与收听区域的距离，应该反复试验进行调节，以达到最自然的声音传播效果（图 6-6）。

座位的安排应该方便听者听到乐器或多个扬声器发出的均衡的声音。

可以利用空间形状来增强音效。当房间内相对的平面彼此不是平行的，或室内空间通过某种方式分隔开时，声音效果会更好些。

根据音响效果来选择及安装材料。反射声音的材料（比如灰泥和玻璃）属于声音反射型或"弹性"材料；吸收声音的材料（比如厚布料、加软垫的家具、地毯、书籍、软木或其他所谓的声学材料等）属于声音吸收型或"无弹性"材料。弹性材料过多，声音的放大和反射会非常刺耳；相反，无弹性材料太多，会有损音乐的丰满

图 6-6

图 6-7

逼真。要达到最佳效果，应该把弹性材料用在无弹性材料的对面。

座位的要求与谈话区域的要求类似，只是这时座椅应放在与屏幕中心成30°角的空间范围内，以免视觉效果变形（图6-7）。搬动方便的椅子或转椅增强了灵活性，地板上的靠背或垫子增大了房间的容纳量，长沙发使观看者可以有多种观看姿势。

电视屏幕的高度应尽可能接近眼睛的高度。眼睛与屏幕中心的角度不要超过15°，这样看起来最舒服。对大多数坐着的成年人来说，眼睛距离地板的高度是1 000 mm左右。灯光相对要暗些，特别是看电视时。但灯光既不能照到屏幕上也不能照在人眼睛上，灵活的开关很重要。

电视设备一般都安排在起居室，也有布置在卧室、儿童房。

家庭影院应考虑座位舒适，声光效果不影响到他人。观看时的具体要求如下：

屏幕周围的区域应该比观看区域暗些。

观看距离应该是屏幕对角线长度的两倍，观看区域的长宽应该比较悬殊，但房间大小很可能更直接影响预计要容纳的观看人数和该房间的其他预期用途（如客房）。家庭影院也可以不用一个单独的房间，而是利用起居室的一角。

座椅要舒适，布置在必要的观看角度和距离范围之内。

灯光亮度适当，应位于观看角度之外，这样才不会反射到屏幕上。如果窗户不在观看角度内，也可以在白天使用投影电视。

（3）网络

作为家电设施的计算机，已经变得越来越重

要了，它不仅仅是娱乐工具，还可以用来处理各种文件资料和购物。网络已经成为家庭经生活中不可缺少的一部分，越来越多的家庭有计算机和传真机，有的家庭甚至还有复印机。网络是人们不出门便知天下事的最好信息载体，因此，网络的线路布置是住宅必不可少的，同时还要考虑使用环境的具体要求。

①工作台。可放置打字机或使用计算机组件（键盘、显示器甚至打印机）。标准的写字桌适合书写和使用电脑。放打字机的工作台通常比标准桌要矮 10 cm。计算机键盘大致可以利用 70 cm 高的台面，显示器的屏幕高度应该与眼睛持平，需要一个 80 cm 高的台面。根据使用者的舒适感程度，可以灵活调整键盘、显示器的高度和位置。

②有一张按照人体工学原理设计的可调式的办公椅，以免操作电脑或打字时腰酸背痛和肌肉紧张。座位可以是无扶手单人椅，可以灵活摆放，也可以舒服地坐着阅度。

③书写用品、电脑磁盘、书籍、文件等的储藏空间。

④照明工作区域不应该有阴影或强光。窗户、光亮的工作台面、明亮的计算机显示屏或者放置不当的照明灯具都可能导致光线刺眼。有些计算机的屏幕有不反光的玻璃，也有可以倾斜的屏幕能把光线反射出去，屏幕上绿色、黄色和橙色的字体比黑白字体更适合长时间观看。

6.1.7 住宅自动化

随着计算机技术、电子工程的发展和传感技术的进步，称为住宅自动化的住宅设备越来越引起人们的重视。它们处理事物的能力越来越强大，不仅可以发现任何异常情况，还会自动发出火灾、盗窃、医疗急救等求助信号。

所谓住宅自动化，是指根据各种传感设备监测、显示、通报诸如煤气泄漏、火灾发生、门窗的开关、照明灯的开闭、空调设备远程遥控（图6-8）。

随着技术、信息的不断进步，住宅自动化将越来越多样化，价格也会越来越便宜。信息末端的住宅管理、家庭教育及家庭商务等高度信息处理系统为我们的生活带来巨大的变化。

6.1.8 给、排水设备

（1）给水设备

水是人们生活中不可缺少的物质。单纯从维持生命的角度来讲，人每天对水的最低的需求量为 1.5 L。但是要保证洗脸、做饭、洗涤、洗澡等日常生活需要，则必须确保每人一天200~250 L 的水量。水不仅有数量的要求，品质也是非常重要的。即使使用井水，也需要由有关机构进行水质检查。

水工程在施工时一定要选择专业的技术人员，从材料的选择到管道的铺设、管道与管道之间的连接、水流的控制等是专业技术，同时相关的材料、管道材料、管道配件、阀门、水龙头等设备均须使用有关部门鉴定合格的产品。这些限制是为了给水设施以保护，以保证人体卫生安全。供水管应该尽可能短，为了减小管道的阻抗，应尽量减少弯曲。管道的材料从加工性和耐腐蚀性的角度来考虑，要使用国家标准的管道。

从有效利用水资源的立场出发，节水是很重要的。最有效的节水方式是经常检查有无漏水现象，不要任意无节制地用水冲洗，同时还可以采用感应龙头、延时龙头等节约水资源。在北方寒

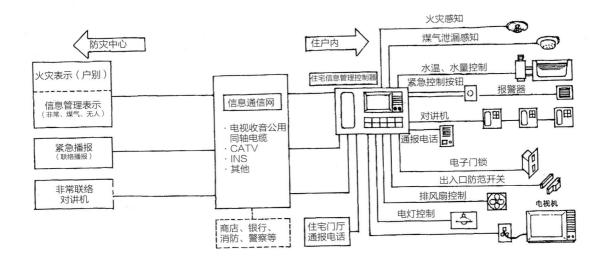

图 6-8

冷地区为防止水冻结、水管冻裂，水管可使用保温材料，以便有效地保护管道。

混合水龙头是指将热水与冷水混合使用，在住宅设计中被广泛应用。从使用方便的角度来看，单杆式最为便利。自动调节温度的自动恒温式水龙头及指定水量自动停止的定量型水龙头等在使用时也非常便利。

（2）排水设备

排水的种类和处理方法因居住环境与形式的不同而采取不同的方式。室内排水管道需要一定的坡度，应尽量减少弯曲部分与横向引出的部分，采用单纯的排水线路。

在各种器具上必须设置水封或者采用 S 弯防臭形式，以隔绝来自排水管道的异味和虫类的侵入。盥洗台应具有碗状或 S 弯的防臭阀。在厨房内油类等与水一同排出，也必须有防臭阀。室内排水在排水管的汇集点或不同种类的排水管的交接点都要设置检查阀。另外，也要在排水管上设置检查井、阀，以备检查（图6-9）。

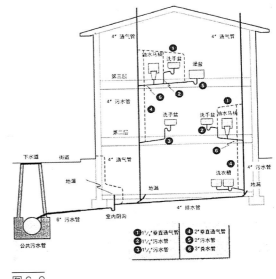

图 6-9

（3）热水设备

在住宅中热水设备有多种形式，如太阳能热水器、电热水器、燃气热水器等。一个三人家庭用热水标准约为 300 L/d，同时热水供应量因每个家庭的生活方式不同而有非常大的区别，在计划时要根据使用的不同来设定。

水温由混合水龙头调整至合适温度比较经济。住宅中供热水负荷最大的是洗浴用水，应根据每个家庭的情况不同而对供热水方式做出合理计划。

使用热水器淋浴时，如果同时在厨房使用热水，水温有时就会变低，水量也会变小，这是因为机器能力不足所导致的。热水器的供水能力是根据容量来定的。一般家庭选择中型容量（10~15 L）即可。

6.2　可持续发展设计

近年来"可持续发展"一词使用频率很高，它是一种全新的伦理、道德和价值观念。对室内设计而言，可持续发展不是简单的口号，其本质就在于要充分利用现代科技，大力开发绿色资源，不断改善和优化生态环境，促使人与自然和谐发展，人口、资源和环境相互协调、相互促进。

将可持续发展思想纳入室内设计领域，是为了让设计师在设计理念上有一个根本性的变革。室内环境是人们生活的基本空间和必要场所，而设计就是为了发现问题、解决问题。同样，可持续发展设计，就是解决人类与自然的冲突，将设计实践应用于生活领域，培养人们的适度消费观念，解决人们心理与外界的失衡问题。可持续发展设计的根本点在于解决两个问题，一是"设计什么"，即设计的对象；另一个是"怎样设计"，即如何将可持续发展设计应用到对象中，提出切实可行的方案。

那么，怎样做才符合"可持续发展设计"的要求呢？什么样的设计才能促进人与环境的和谐？可持续发展设计方案应该怎样拟定？

"可持续性设计"的目的就是解决自然环境的生态负荷问题，即解决生产过程中能量与资源消耗所造成的环境负荷问题，由能量消耗过程带来的排放性污染，以及由于资源减少而带来的生态失衡等问题。

可持续发展的室内设计可看成是面向需求与环境的设计管理。即在倡导适度消费的原则下，使室内环境在生命周期的各个阶段得到合理的资源配置：优化设计过程，合理利用材料或能源，尽可能减少对环境、人类的负面影响。

例如 20 世纪 60 年代美国国会大厦曾安装过采用矿物燃料的动力设备，每年排放二氧化碳达到 7 000 t。为了保护首都的环境，改建后的国会大厦采用生态燃料，以油菜籽和葵花籽中提炼的油作为燃料。用这种燃料燃烧发电相当高效、清洁，每年排放的二氧化碳仅为 44 t，大大地减少了对环境的污染。

室内设计不仅要增强全民的环境保护意识，设计师也要以身作则。设计师在具有环境保护意识的前提下，应充分发挥自己的想象能力和创造能力，通过对建筑内部空间的适度补偿设计来达到室内环境的和谐。而可持续发展的原则正是通过以下方式得以实践：自然——人地和谐、天人合一；经济——以知识经济为主的优化水平；消费——自然、社会、经济的全面发展需求；生产——智力转化与再循环体系；能源——清洁的与可替代的能源；环境——与环境协同进化，资源再生。可持续发展的室内设计，它包括两个方面的原则：

一是根据地域的特点和技术的可行性，深入了解历史、地方资源和环境特征，对室内环境适度设计改造，尽可能地创造一个与地域环境相适宜的室内环境。它不仅可以大大节约自然资源，还可以创造一个具有地域特色的室内风格。

二是当现实条件无法满足人的基本需求的时候，便可以采取主动技术干预。如利用能量转化的原理，使用太阳能收集器和利用地热资源；提高原生能源的利用率，减少废物的产生量等。再如采用自然通风系统，当利用自然风压无法实现自然通风的时候，采用热压与风压相结合、机械辅助等手段实现建筑空间的自然通风。

6.2.1 适应设计

所谓"适应设计"，就是根据地域环境的特点进行设计，例如我国传统建筑中的民居、园林以及亭、台、楼、阁、庙宇等建筑空间，我们的先人就是根据当时的环境条件和生产力、技术水平因地制宜地进行设计。他们在为了获得某种功能和满足精神的需求而改变自身的生存状况和生活条件的同时，更多的是体现对自然的一种"尊重"。

图6-10

适应设计不仅仅要以个别对象发挥设计的功能为满足，而且要把握时代的特征和脉搏，根据地域的特点和技术的可行性，深入了解历史财富、地方资源和环境特征，将它们有机地融合在一起，从而设计出既合乎潮流又具有文化品位的生活环境。

一般来讲，可持续发展是指人与自然能够长期和谐地相处下去，适应设计就是在保证自然环境不受破坏的前提下，对人造的小环境进行有节制地设计实施（图6-10）。具体来说，就是根据当地的自然资源有节制地索取，选择适当的表现形式、适当的材料和适当的工艺技术，对室内空间进行适度的设计，从而达到对环境的负面影响降到最低限度的目的。适应设计强调资源的充分利用，在形式上追求"简约"化。

6.2.2 再设计

与传统的设计相比，"再设计"在减少废料、降低能源与材料消耗方面提出了更高的要求，因此设计过程本身必须进行重新设计，在能源和材料的使用上贯彻节约能源、减少使用、重复使用、循环使用、用可再生资源代替不可再生

图6-11

资源等原则（图6-11）。

再设计绝不仅仅是利用废料和重新设计，它反对的是浪费和奢华，强调的是奇妙的创意、资源的优化。为达到设计目的，再设计会比传统设计方式更加强调创新，即合理地把高科技充分发挥出来，而不是简单地用高科技堆积出设计作品。

6.2.3 能源与环保

居住环境是创建的家，管理它要比控制周围的环境容易得多。我们把建筑称为"人工环境"，它是通过在人体的"微观环境"和自然的"宏观环境"之间建立界面而形成的，这一界面为抵御或承载各种自然力提供了一种有选择作用的过滤器。建筑的主要功能之一是保护人们免受过多的自然力的侵害，包括严寒、酷暑、狂风和暴雨，但是几乎所有这些防护措施和做法都常常在过度消耗着能源。有些建筑在设计上出现许多不合理之处，有的窗户无法打开，完全依靠人工取得照明、供暖、制冷和通风，甚至连噪声也是由人工控制的，扰人的声音被空调的"白色污染"所遮掩。一旦出现电力或燃料紧缺，这些建筑就会陷于瘫痪。这种设计上的缺陷和能源过度

消耗的问题应引起全社会的关注，同时也应引起人类对各种能源保护措施的重视。

"可持续性设计"原则可以归纳总结为：协调共生原则，能源利用最优化原则，废物生产最小化原则，循环再生原则，符合人性化的原则。如利用能量转化的原理，使用太阳能和地热资源；提高原生能源的利用率；减少废物的产生量等。如当自然风压无法实现自然通风时，可以采用机械辅助等手段实现室内的自然通风。具体体现在设计中可以归纳成以下几个方面：

（1）自然光的采用

使用自然光是人类的天性，人类自诞生之日就和自然光有着不解之缘。尤其是今天的建筑师对于自然光的运用更是情有独钟。例如，世界著名大师勒·柯布西耶的"朗香教堂"设计，路易斯·康的"金贝尔美术馆"设计，埃罗·沙里文的美国麻省理工学院的"克瑞斯小教堂"设计（图6-12），以及菲利普·约翰逊的"水晶教堂"设计和安藤忠雄的"光的教堂"设计，他们在对自然光的运用方面都将其发挥到了极致，创造出一个又一个既神圣又脱俗的室内空间氛围。正如理查德·罗杰斯所说："建筑是捕捉光的容器，就如同乐器如何捕捉音乐一样，光需要可以使其展示的建筑。"自然光线的引入，不仅可以创造出良好的空间氛围，还能满足室内的照明需要，减少人工照明。自然光的运用既节约能源，又能够增强室内空间的自然感。

（2）自然通风

人类历史上的重大发明之一就是空调制冷技术，它标志着人类从被动地适应自然气候发展到主动地控制室内环境温度。但是由于人类对空调的过分依赖和不加限制地滥用，对自然环境产

生的负面影响日益突出，也造成了环境污染和能源的极大消耗。世界著名建筑大师弗兰克·劳埃德·赖特早在20世纪就发现空调在室内环境中的弊端，主张尽可能少使用空调，提倡自然通风。事实证明，空调技术在解决室内环境恒温问题的同时，也带来了诸多的环境污染和新的疾病。例如：氟利昂的大量使用对大气环境的危害，使大气层出现空洞；空调所产生的恒温环境使得人体的抵抗力下降，而引发"空调病"等。

自然通风的例子有：柏林国会大厦自然通风系统设计得既合理又很巧妙，议会大厅通风系统的进风口设在西门廊的檐部，新鲜空气进来后经过大厅地板下的风道及座位下的风口，低速而均匀地扩散到大厅内，然后再从穹顶内倒锥体的中空部分排到室外，此时锥体成了拔气罩，这是极为合理的气流组织设计。而大厦的侧窗均为双层窗，外层为防卫性的层压玻璃，两层之间为遮阳装置，侧窗的通风既可以自动调整节，也可以人工控制。

事实上，人类作为一个物种存于地球的时候，我们的生存全依赖于我们对环境变化因素的观察能力和适应能力。根据可持续发展设计的基本原则，我们认识到人居环境与自然环境的共存关系，同时也是对目前室内装饰风潮的审视和冷静思考。引入可持续发展设计理念，对于现代室内设计学科来说有着极其重要的意义。认识环境、关注环境并始终保持它的活力，是可持续发展设计的根本。

从另一方面来看，生态的室内设计也并不是高深莫测、可望而不可即的事情。首先，我们要从思想上彻底改变过去长久以来存于我们头脑中对自然环境的错误认识、想法和态度，如"人定胜天""征服自然""人类主宰一切"的错误观念。

众人十分熟悉的"绿色设计""生态设计"（图6-13），称为"可持续发展思想在室内设计中的体现"。可持续发展设计就是协调人与自然共生的原则，从而达到自然、人、社会环境的可持续发展。正如日本著名建筑师仓雄策所说："设计为了明天存在，今天的设计是为了明天更美好。"

图6-12

图6-13

（3）能源的有效利用

在我国，大约有 1/5 的能源是在家庭住宅中消耗掉的，它主要用于家庭的照明及各种电器设备的使用。所以可以通过减少消耗量和避免浪费来保护家庭使用的能源。无论是新居还是旧宅，有不少方法均可做到以上两点。有些方法要求人们做出人为的适应性改变，有些则可以通过在结构设计中渗入更多的能源节约意识来实现。

（4）保护措施

提高或降低室内温度的方法是在不同时间内关闭室内白天或晚上不使用的房间灯光，只在主要的活动区域内供暖或降温。例如，卧室白天就无须供暖，在那里的活动可转移到屋内较温暖的地方进行。夏季，则可以更多地使用住宅中较为自然凉爽的地方。室内活动的地点要根据季节性的温度变化而尽可能做出改变。改变房屋墙壁的色彩、用料肌理和空间布局同样可增加室内的冷热感受（图 6-14）。此方法可用于某些特定季节，也可以每个季节都有所变化。一幢用浅色调装饰的、拥有宽敞整洁空间的住宅，会使居住者感觉凉爽。寒冷和潮湿的天气可以通过暖色调——红、橙、黄色装饰的舒适空间和搭配来调

图 6-14

节，这既可以愉悦人的双眼，又能给室内带来类似阳光的光线。室外是阳光明媚抑或阴霾沉沉，材料的肌理和装饰同样可增强心理效果。圆滑硬实的表面会给人寒意，而厚重的、铺有长绒毛的粗糙表面则会增加暖意，这样人们在感觉上就不一定很需要供暖或空调。

在住宅设计中，有很多方法可以用于保护能源，如保证房屋设计合理，涉及朝向、选材、建筑样式以及机械设备。因为设计中的这些方面都是由建筑师和承建商，而非室内设计师所决定的，所以为了加深对能源保护的理解，加强设计师和建筑专业人员之间的交流与协商很有必要。

参考文献

1. 张绮曼. 室内设计资料集. 北京：中国建筑工业出版社，1992.

2. 小原二郎，加藤力，安藤忠雄. 室内空间设计手册. 张黎明，袁逸倩，译. 北京：中国建筑工业出版社，2000.

3. 邹伟民. 室内环境设计. 重庆：西南师范大学出版社，1998.

4. 尼森，福克纳，等. 美国室内设计通用教材. 陈德民，陈青，王勇，等译. 上海：人民美术出版社，2004.

5. 黄小石. 室内设计面面观. 北京：中国建筑工业出版社，1996.

6. 朱钟炎，王耀仁，王邦雄，等. 室内环境设计原理. 上海：同济大学出版社，2003.

7. 李建胜. 希望的变异. 郑州：河南美术出版社，2001.

8. 周曦，李湛东. 生态设计新论：对生态设计的反思和再认识. 南京：东南大学出版社，2003.

9. 瑞吉斯特. 生态城市：建设与自然平衡的人居环境. 王如松，胡聃，译. 北京：社会科学文献出版社，2002.

10. 马扎诺. 设计创造价值：飞利浦设计思想. 蔡军，宋煜，徐海生，译. 北京：北京理工大学出版社，2002.

11. 刘贵利. 城市生态规划理论与方法. 南京：东南大学出版社，2003.

12. 奚传绩. 设计艺术经典论著选读. 南京：东南大学出版社，2002.

13. 许平. 造物之门. 西安：陕西人民美术出版社，1998.

14. 赵江洪，张军，龚克. 第二条设计真知. 石家庄：河北美术出版社，2003.

15. 许平，潘琳. 绿色设计. 南京：江苏美术出版社，2003.

16. 吴翔. 边缘与突破. 石家庄：河北美术出版社，2003.

17. 许平. 视野与边界. 南京：江苏美术出版社，2004.

附录

附录 1　室内设计常用符号

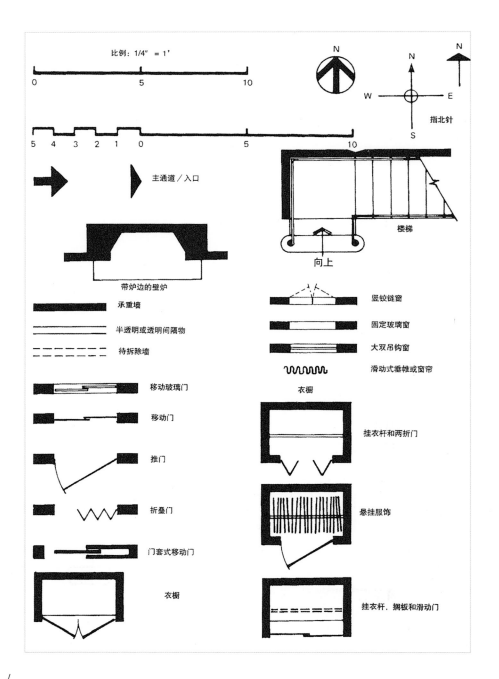

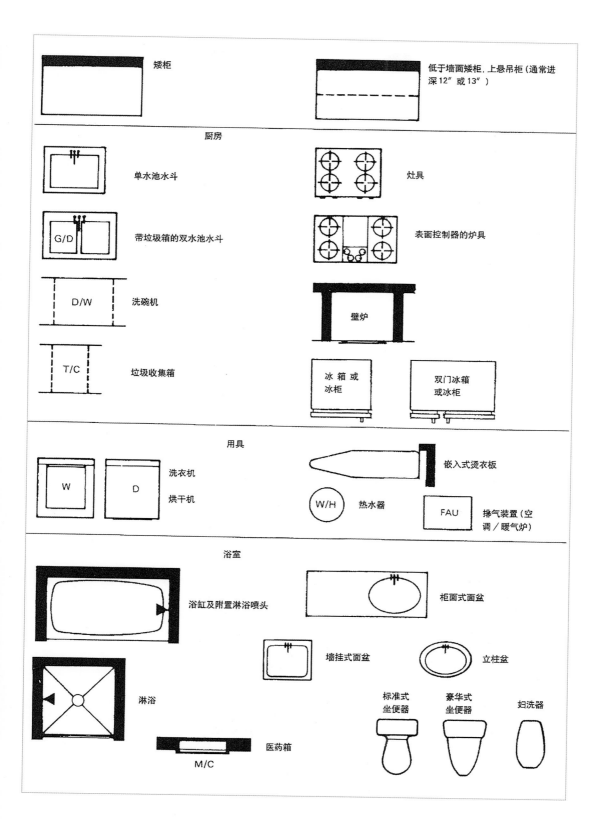

矮柜

低于墙面矮柜，上悬吊柜（通常进深12″或13″）

厨房

单水池水斗

灶具

带垃圾箱的双水池水斗

表面控制器的炉具

D/W 洗碗机

壁炉

T/C 垃圾收集箱

冰箱或冰柜

双门冰箱或冰柜

用具

W 洗衣机

D 烘干机

嵌入式烫衣板

W/H 热水器

FAU 排气装置（空调／暖气炉）

浴室

浴缸及附置淋浴喷头

柜面式面盆

墙挂式面盆

立柱盆

淋浴

标准式坐便器

豪华式坐便器

妇洗器

医药箱

M/C

电路符号

壁灯	吸顶灯
拉线开关控制的壁灯	凹式吸顶灯
开关	取暖灯
三相开关	吊扇
温度控制器	拉线开关控制的吸顶灯
110 V 电压输出	活动灯
220 V 电压输出	面板单独荧光灯
特殊电压输出（空调）20 A	嵌入式单支荧光灯
计时插座	吸面式持续组合荧光灯
地板电插座	嵌入式持续组合荧光灯
电话接口	落地灯和台灯
地板电话插座	
电视天线插座	
门铃	
控制一个固定装置	控制两盏灯的三相开关
控制一个电源插座和一个固定装置	

家具符号

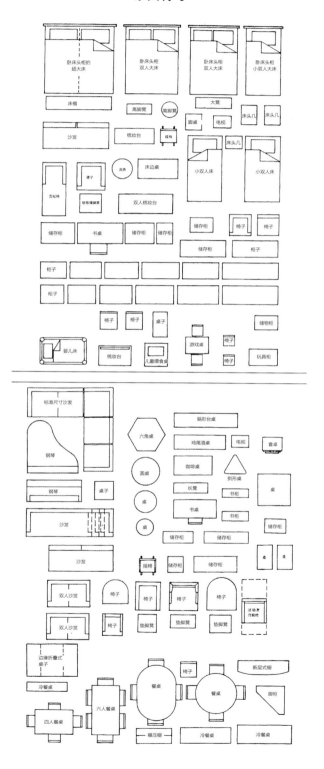

附录 2　灯光照明形式

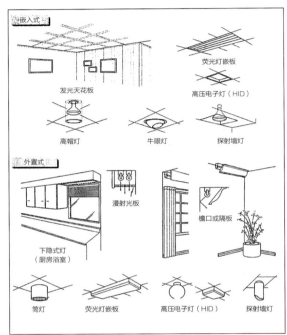

嵌入式

发光天花板

荧光灯嵌板

高压电子灯（HID）

高帽灯

牛眼灯

探射墙灯

外置式

漫射光板

檐口或隔板

下隐式灯
（厨房浴室）

筒灯

荧光灯嵌板

高压电子灯（HID）

探射墙灯

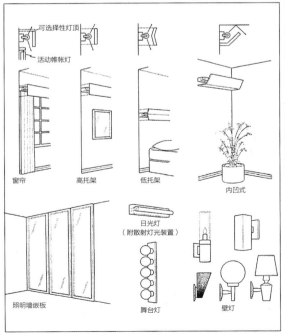

可选择性灯顶

活动帷帐灯

窗帘

高托架

低托架

内凹式

日光灯
（附散射灯光装置）

照明墙嵌板

舞台灯

壁灯

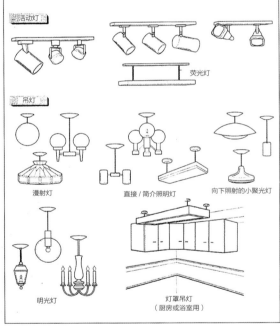

活动灯

荧光灯

吊灯

漫射灯

直接 / 简介照明灯

向下照射的小聚光灯

明光灯

灯罩吊灯
（厨房或浴室用）

附录 3　灯光照明的位置和高度

后灯

至少 30°

至少 47°

灯身距人肩 10°，灯在椅子后侧角落，足够的高度以防止光线在阅读物上形成阴影。

侧灯

20°

大约 38-42°

灯杆在椅子稍靠前方与肩齐的位置，灯罩的底线与眼睛齐平。

前灯

30°

15°

灯罩与眼睛齐平，灯罩应使用有着鲜亮色彩的厚重的或不透明材料。

其他

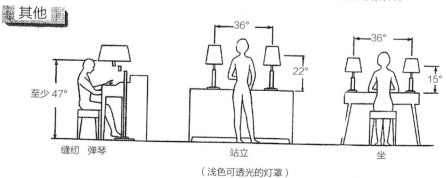

至少 47°

36°

22°

36°

15°

缝纫　弹琴　　　　　　站立　　　　　　　　坐

（浅色可透光的灯罩）

后记

　　接到这本书的编写任务时心里很高兴，也一直想把多年来的教学体会与实践经验介绍给大家。但是当真正写起来时又不知道如何下手了，主要是我不想写得太多，害怕别人看了心烦，有一段时间我都准备放弃了。好在出版社的同志有耐心，尤其是责任编辑，一直鼓励我，使我有信心写完。

　　本书根据本人多年的专业教学经验和设计实践，对室内环境设计原理做了比较系统的介绍。本书的特点有三：一是涉及的知识面广，涵盖了室内设计的基础知识，包括设计理论、设计创意、设计表达、施工技术、空间环境设计及家具配置和设计管理知识。二是理论与设计实践相结合，将理论学习与设计实务进行比较分析，以图文并茂的形式解读设计理论知识，使学生能比较直观地了解设计理论与实践的运用。三是通过对设计案例的分析，对设计过程进行全面梳理，为学生以后进入室内设计行业打下基础。

　　由于室内设计涉及的知识面非常宽，受到篇幅的限制，本书重点对设计基础知识和实践部分进行了详细解读，关于设计的发展历史只对近百年的流派、代表人物、作品进行简单、概括性的介绍，设计表达方面的知识只对创意表达（徒手）进行介绍。

　　本书可作为高等院校室内设计专业教材，也可供从事室内设计工作的人员学习与参考。

　　本书能够顺利完成，首先要感谢江南大学设计学院的领导和全体老师、同学的帮助和支持，同时感谢湖南大学出版社的支持，感谢责任编辑胡建华老师的鼓励和帮助，特别要感谢我的家人，尤其是我的母亲的默默支持与帮助。由于本人水平有限，书中有不足之处还望专家、同人批评指正。

张尧

于无锡梅园寓所